Сергей Зотиков

Об аналогах системы Радемахера

Сергей Зотиков

Об аналогах системы Радемахера

LAP LAMBERT Academic Publishing

Impressum / Выходные данные
Bibliografische Information der Deutschen Nationalbibliothek: Die Deutsche Nationalbibliothek verzeichnet diese Publikation in der Deutschen Nationalbibliografie; detaillierte bibliografische Daten sind im Internet über http://dnb.d-nb.de abrufbar.
Alle in diesem Buch genannten Marken und Produktnamen unterliegen warenzeichen-, marken- oder patentrechtlichem Schutz bzw. sind Warenzeichen oder eingetragene Warenzeichen der jeweiligen Inhaber. Die Wiedergabe von Marken, Produktnamen, Gebrauchsnamen, Handelsnamen, Warenbezeichnungen u.s.w. in diesem Werk berechtigt auch ohne besondere Kennzeichnung nicht zu der Annahme, dass solche Namen im Sinne der Warenzeichen- und Markenschutzgesetzgebung als frei zu betrachten wären und daher von jedermann benutzt werden dürften.

Библиографическая информация, изданная Немецкой Национальной Библиотекой. Немецкая Национальная Библиотека включает данную публикацию в Немецкий Книжный Каталог; с подробными библиографическими данными можно ознакомиться в Интернете по адресу http://dnb.d-nb.de.
Любые названия марок и брендов, упомянутые в этой книге, принадлежат торговой марке, бренду или запатентованы и являются брендами соответствующих правообладателей. Использование названий брендов, названий товаров, торговых марок, описаний товаров, общих имён, и т.д. даже без точного упоминания в этой работе не является основанием того, что данные названия можно считать незарегистрированными под каким-либо брендом и не защищены законом о брендах и их можно использовать всем без ограничений.

Coverbild / Изображение на обложке предоставлено: www.ingimage.com

Verlag / Издатель:
LAP LAMBERT Academic Publishing
ist ein Imprint der / является торговой маркой
OmniScriptum GmbH & Co. KG
Heinrich-Böcking-Str. 6-8, 66121 Saarbrücken, Deutschland / Германия
Email / электронная почта: info@lap-publishing.com

Herstellung: siehe letzte Seite /
Напечатано: см. последнюю страницу
ISBN: 978-3-659-68578-1

ЗОТИКОВ С.В.

ОБ АНАЛОГАХ

СИСТЕМЫ РАДЕМАХЕРА

АННОТАЦИЯ

Известная система функций Радемахера широко применяется в теории ортогональных рядов и её приложениях и имеет важную теоретико-вероятностную интерпретацию.

В настоящей работе определяется обширный класс систем типа Радемахера, содержащий в себе систему Радемахера и изучаются свойства систем этого класса.

Далее на основе конструкции скрещенного произведения двух ортонормированных систем функций определяются континуальные аналоги систем типа Радемахера. Вводятся понятия преобразований и интегралов Фурье-Радемахера функций из пространств $L(0;\ \infty)$ и $L^2(0;\infty)$ и изучаются их свойства.

ПОСВЯЩЕНИЕ

Безвременно ушедшей незабвенной супруге моей

Ларисе Михайловне

посвящается сей труд

С.В.Зотиков

СОДЕРЖАНИЕ

ВВЕДЕНИЕ

В 1922 году немецкий математик Ганс Радемахер в работе [54] построил систему функций $r = \left(r_n(t) \right)_{n=0}^{\infty}$, названную впоследствии его именем, функции которой на промежутке [0; 1) определяются равенством:

$$r_n(t) = \begin{bmatrix} 1, t \in \bigcup_{r=0}^{2^n-1} \left[\dfrac{r}{2^n}; \dfrac{r}{2^n} + \dfrac{1}{2^{n+1}} \right), \\ -1, t \in \bigcup_{r=0}^{2^n-1} \left[\dfrac{r}{2^n} + \dfrac{1}{2^{n+1}}; \dfrac{r+1}{2^n} \right) \end{bmatrix}, n = 0, 1, 2, \ldots$$

Именно это определение системы Радемахера используется в монографии [9]. Заметим, что в оригинальной статье [54] функции Радемахера обозначаются символом ψ_n, а не r_n и нумерация функций начинается не с $n = 0$, а с $n = 1$.

Функции Радемахера часто определяются формулой ([1], [2], [47], [48])

$$r_n(t) = sign\, sin\, 2^{n+1}\, \pi t ,$$

где

$$sign\, x = \begin{bmatrix} 1, x > 0, \\ 0, x = 0, \\ -1, x < 0. \end{bmatrix}$$

Это определение отличается от приведённого выше тем, что в соответствии с ним значения функций $r_n(t)$ равны нулю в точках разрыва и на концах отрезка [0; 1].

В настоящей работе используется определение функций Радемахера соотношением

$$r_n(t) = \begin{bmatrix} 1, t \in \bigcup_{r=0}^{2^n-1} \left(\dfrac{r}{2^n}; \dfrac{r}{2^n} + \dfrac{1}{2^{n+1}} \right), \\ -1, t \in \bigcup_{r=0}^{2^n-1} \left(\dfrac{r}{2^n} + \dfrac{1}{2^{n+1}}; \dfrac{r+1}{2^n} \right). \end{bmatrix}$$

Во внутренних точках разрыва значение функции $r_n(t)$ полагается равной полусумме её односторонних пределов, а на концах отрезка [0; 1] – её предельным значениям изнутри отрезка. Это определение отличается от оригинального различными значениями $r_n(t)$ во внутренних точках разрыва, а от второго определения – лишь значениями $r_n(t)$ на концах отрезка [0; 1].

Система Радемахера является неполной ортонормированной системой функций в пространстве $L^2(0; 1)$. Эта система широко применяется в теории ортогональных рядов и её приложениях. Система Радемахера имеет важную теоретико-вероятностную интерпретацию (см. [1], с. 64-67) и обладает рядом интересных свойств. Изучению свойств этой системы посвящено большое число работ известных математиков. Укажем лишь некоторые из них: [55], [51], [50], [49], [53]. Полный перечень таких работ указан в библиографии к монографиям и статьям [1], [2], [6], [9], [47], [48].

В 1944 году замечательная система Радемахера была обобщена П. Леви в статье [52]. Значения функций ортонормированных систем, рассмотренных в этой статье, суть корни степени $p \ge 2$ (p — целое) из единицы. Следовательно, любая такая система является ограниченной.

В 1974 году нами было предложено другое обобщение системы Радемахера, при этом введённые системы функций могут быть как ограниченными в совокупности, так и неограниченными - см.[12], [13] и [15]. Эти системы мы называем системами типа Радемахера.

В настоящей работе изучаются свойства систем типа Радемахера и свойства континуальных аналогов этих систем.

Брошюра состоит из Введения, четырёх глав, списка использованной литературы и краткой справки об авторе.

В начале главы I – О классе систем типа Радемахера - определяется класс R систем типа Радемахера и доказывается, что всякая система этого класса является системой независимых функций. Опираясь на общие свойства систем независимых функций и доказав несколько лемм о системах типа Радемахера, мы устанавливаем ряд свойств систем класса **R**. Так, оказалось, что каждая система из **R** является равнонормированной сильно мультипликативной ортогональной системой в смысле Алексича. В частности, всякая система типа Радемахера является неполной ортонормированной системой функций. Любая система типа Радемахера является системой сходимости.

Далее даются оценки коэффициентов Фурье по системе типа Радемахера функций из различных пространств.

Затем изучается абсолютная сходимость рядов по системам класса **R**. Найдено необходимое и достаточное условие абсолютной сходимости почти всюду ряда по системе типа Радемахера, определяемой неограниченной числовой последовательностью. Используя полученные ранее оценки коэффициентов Фурье по системе типа Радемахера функций из различных классов, формулируются достаточные условия абсолютной сходимости рядов Фурье этих функций.

Далее рассматриваются функции, представимые рядами по системам класса **R**. Устанавливаются достаточные условия для того, чтобы ряд по системе типа Радемахера представлял функцию из пространства $L(0;1)$, ограниченную функцию, функцию ограниченной q-вариации соответственно. Доказывается неослабляемость некоторых из полученных условий. Найдены необходимые условия того, чтобы ряд по системе класса **R** представлял существенно ограниченную функцию. Некоторые из полученных результатов обобщают соответствующие результаты Мак-Лафлина в [53] для функций, представимых рядами по системе Радемахера.

В конце главы I строится класс **W** ортонормированных систем типа Уолша и указывается связь между системами типа Радемахера и типа Уолша и между системами типа Хаара и типа Радемахера.

Глава II называется «Континуальные аналоги ортонормированных систем функций. Преобразования и интегралы Фурье». В этой главе определяется понятие скрещенного произведения ортонормированных систем функций (о.н.с.) и показывается, что скрещенное произведение $K_{ФΨ}$ двух о.н.с. $Ф$ и $Ψ$ является континуальным аналогом каждой из перемножаемых о.н.с.. Вводятся понятия преобразований и интегралов Фурье по отношению к $K_{ФΨ}$ функций из различных функциональных пространств. Отмечены некоторые свойства преобразований Фурье L^2- функций. Приведены формулы обращения этих преобразований. Сформулированы континуальные аналоги известных в теории ортогональных рядов теоремы Меньшова-Радемахера и теоремы Рисса-Фишера и другие результаты, которые используются в последующих главах. В заключение на основе конструкции скрещенного произведения о.н.с. определяются континуальные аналоги систем типа Радемахера.

В третьей главе определяются преобразования Фурье-Радемахера функций из пространства $L(0; \infty)$ и изучаются их свойства. Рассматриваются равномерная сходимость последовательности преобразований Фурье-Радемахера и восстановление преобразований Фурье-Радемахера с помощью операции дифференцирования. Даются оценки этих преобразований и находятся условия принадлежности их некоторым функциональным пространствам. Получены формулы суммирования для преобразований Фурье-Радемахера.

Далее определяются интегралы Радемахера и интегралы Фурье-Радемахера интегрируемых функций и устанавливаются признаки абсолютной сходимости этих интегралов. Некоторые результаты третьей главы являются континуальными аналогами соответствующих утверждений из первой главы.

В четвёртой главе определяются преобразования и интегралы Фурье-Радемахера функций из пространства $L^2(0; \infty)$ и изучаются их свойства. Рассматриваются условия сходимости почти всюду этих преобразований и интегралов. При этом устанавливаются континуальные аналоги утверждения о том, что любая система типа Радемахера является системой сходимости.

В последнем параграфе четвёртой главы определяются интегралы Радемахера L^2- функций и изучаются условия сходимости почти всюду этих интегралов.

В заключение приводится список использованной литературы и краткая справка об авторе брошюры.

ГЛАВА I

О КЛАССЕ СИСТЕМ ТИПА РАДЕМАХЕРА

§ 1. Определение класса *R* и некоторые свойства систем этого класса

Пусть $(p_n)_{n=0}^{\infty}$ - произвольная последовательность натуральных чисел, где $p_n \geq 2, n \geq 0$. Наряду с ней рассмотрим последовательность $(m_n)_{n=0}^{\infty}$, определенную следующим образом: $m_0 = 1; m_{n+1} = p_n m_n, n = 0,1,...$. Для заданной последовательности $(p_n)_{n=0}^{\infty}$ определим на отрезке $[0;1]$ систему функций $R(p_n) \equiv (R_n(t))_{n=0}^{\infty}$ следующим соотношением

$$R_n(t) = \left[\begin{array}{l} (p_n-1)^{0,5}, t \in \bigcup_{r=0}^{m_n-1} \left(\dfrac{r}{m_n}; \dfrac{r}{m_n} + \dfrac{1}{m_{n+1}} \right); \\[3mm] -(p_n-1)^{-0,5}, t \in \bigcup_{r=0}^{m_n-1} \left(\dfrac{r}{m_n} + \dfrac{1}{m_{n+1}}; \dfrac{r+1}{m_n} \right) \end{array} \right., \ n = 0,1,2,... \quad (1)$$

Во внутренних точках разрыва функция $R_n(t)$ полагается равной полусумме её односторонних пределов, а на концах отрезка $[0;1]$ – её предельным значениям изнутри отрезка.

Класс всех систем $R(p_n)$ обозначается через R. Это множество содержит в себе классическую систему Радемахера $(r_n(t))$, которая представляет систему $R(2)$. Поэтому всякую систему из класса R будем называть системой типа Радемахера.

Системы типа Радемахера впервые были определены автором в заметке [12], анонсированы в кратком сообщении [13] и изучались в статье [15].

Рассмотрим некоторые свойства систем класса R. Имеет место

Теорема 1. *Каждая система типа Радемахера является системой независимых функций.*

Для системы Радемахера этот факт общеизвестен. Напомним, что действительные измеримые функции φ_1, $\varphi_2,\ldots$, φ_n, заданные на $[0;1]$, называются независимыми, если для любых чисел α_1, α_2, $\ldots$, α_n справедливо равенство $\left|\bigcap\limits_{i=1}^{n}\{x:\varphi_i(x)<\alpha_i\}\right| = \prod\limits_{i=1}^{n}\left|\{x:\varphi_i(x)<\alpha_i\}\right|$, где через $|E|$ обозначается мера Лебега множества $E\subset[0;1]$. Система $\{\varphi_i(x)\}_{i=1}^{\infty}$ называется системой независимых функций, если любая её конечная подсистема состоит из независимых функций.

Доказательство Теоремы 1. Так как система $R(p_n)\equiv(R_n(t))_{n=0}^{\infty}$ состоит из ступенчатых функций, то достаточно проверить, что при любом $k\geq 1$ справедливо равенство

$$\left|\bigcap\limits_{i=1}^{k+1}\{t:R_{n_i}(t)=\varepsilon_i\}\right| = \prod\limits_{i=1}^{k+1}\left|\{t:R_{n_i}(t)=\varepsilon_i\}\right|, \qquad (2)$$

где $0\leq n_1<n_2<\ldots<n_{k+1}$, а ε_i принимает одно из двух значений

$\sqrt{p_{n_i}-1}$ или $-1/\sqrt{p_{n_i}-1}$. Легко видеть, что

$$\left|\{t:R_{n_i}(t)=\sqrt{p_{n_i}-1}\}\right|=\frac{1}{p_{n_i}} \ , \quad \left|\{t:R_{n_i}(t)=\frac{-1}{\sqrt{p_{n_i}-1}}\}\right|=1-\frac{1}{p_{n_i}} \qquad (3)$$

Из соотношения (1) следует, что если значения $\varepsilon_1,\varepsilon_2,\ldots,\varepsilon_k$ фиксированы, то множество

$$E_k\equiv\{t:R_{n_i}(t)=\varepsilon_i, 1\leq i\leq k\}$$

представляет собой совокупность попарно не пересекающихся интервалов равной длины, лежащих на $[0;1]$:

$$E_k=\bigcup\limits_{j=1}^{s_k}J_j \text{ , где } \left|J_j\right|=(m_{n_k+1})^{-1} \text{ при } \varepsilon_k=\sqrt{p_{n_k}-1},$$

$$\left| J_j \right| = (m_{n_k})^{-1} - (m_{n_{k+1}})^{-1} \quad \text{при} \quad \varepsilon_k = -(p_{n_k} - 1)^{-1/2}.$$

Далее последовательно полагаем $\varepsilon_k = \sqrt{p_{n_k} - 1}$ и $\varepsilon_k = -(p_{n_k} - 1)^{-1/2}$. Разбивая в обоих случаях каждый интервал J_j на промежутки длины $(m_{n_{k+1}})^{-1}$ и используя определение функции $R_{n_{k+1}}(t)$, с учётом (3) получаем

$$\left| E_{k+1} \right| = \left| \{ t : R_{n_i}(t) = \varepsilon_i, 1 \le i \le k+1 \} \right| = \sum_{j=1}^{s_k} \left| \{ t \in J_j : R_{n_{k+1}}(t) = \varepsilon_{k+1} \} \right| =$$

$$= \left| E_k \right| \left| \{ t \in [0;1] : R_{n_{k+1}}(t) = \varepsilon_{k+1} \} \right|.$$

Заметим, что подробные выкладки при получении этого соотношения приведены в нашей статье [15]. Итак, во всех возможных случаях справедливо соотношение

$$\left| E_{k+1} \right| = \left| E_k \right| \left| \{ t \in [0;1] : R_{n_{k+1}}(t) = \varepsilon_{k+1} \} \right|.$$

Повторяя проведенные рассуждения применительно к E_k и т. д., получаем равенство (2).

М. Кац в статье [46] доказал, что для независимых функций $\{ \varphi_n(x) \}$, определенных на $[0;1]$, при любых целых $s_i \ge 0$ справедливо соотношение

$$\int_0^1 \prod_{i=1}^n [\varphi_i(x)]^{s_i} \, dx = \prod_{i=1}^n \int_0^1 [\varphi_i(x)]^{s_i} \, dx, \tag{4}$$

лишь бы существовали эти интегралы. Из *Теоремы 1* и очевидных равенств, вытекающих из соотношения (1),

$$\int_0^1 R_n(t) dt = 0, \quad \int_0^1 R_n^2(t) dt = 1, \quad (n=0,1,2,\dots),$$

применяя для системы $(R_n(t))$ равенство (4) с $s_i = 0, 1, 2$, выводим следующее утверждение

Теорема 2. *Каждая система* $R(p_n) \in R$ *является равнонормированной сильно мультипликативной ортогональной системой в смысле Г. Алексича* (см. [1], с. 192—193).

Замечание 1. В частности, всякая система типа Радемахера является ортонормированной системой функций, причем любая такая система является неполной, ибо для $n=0,1,2,\ldots$ справедливо, например, равенство $\int\limits_0^1 R_1(t)R_2(t)R_n(t)dt = 0$.

Отметим далее, что из **Теоремы 1** и известного результата А. Н. Колмогорова о том, что если $\{\varphi_n(x)\}$ - система независимых функций на $[0;1]$ $(\|\varphi_n\|_2 = 1, \int\limits_0^1 \varphi_n(x)dx = 0, n \geq 0)$, то при условии $(a_n) \in l^2$ ряд $\sum\limits_{n=0}^{\infty} a_n\varphi_n(x)$ сходится почти всюду (см. [50]), получаем следующее свойство систем класса R:

Теорема 3. *Любая система типа Радемахера является системой сходимости.*

Замечание 2. Это утверждение обобщает известный результат самого Г. Радемахера о его системе – см. [54], с. 135-138.

Замечание 3. Как будет показано в § 3 (см. *Следствие* из **Теоремы 1**), если $(a_n) \in l^2$, а последовательность (p_n), определяющая систему $R(p_n) \equiv (R_n(t))_{n=0}^{\infty}$ - такова, что $\sum\limits_{n=0}^{\infty} p_n^{-1} < \infty$, то ряд $\sum\limits_{n=0}^{\infty} a_n R_n(t)$ абсолютно сходится почти всюду на $[0;1]$.

Непосредственно из **Теоремы 3** выводится так называемый колмогоровский усиленный закон больших чисел (см. [1], с. 198) для систем класса R:

Теорема 4. *Для любой системы типа Радемахера* $R(p_n) \equiv (R_n(t))_{n=0}^{\infty}$

средние значения

$$M_n(t) = \frac{R_1(t) + R_2(t) + ... + R_n(t)}{n}, \ t \in [0;1],$$

сходятся к нулю с вероятностью, равной 1.

Действительно, пусть $R(p_n) \equiv (R_n(t))_{n=0}^{\infty}$ - произвольная система из класса

R. Рассмотрим по этой системе следующий ряд $\sum\limits_{n=1}^{\infty} \frac{R_n(t)}{n}, \ t \in [0;1].$

Поскольку числовой ряд $\sum\limits_{n=1}^{\infty} \frac{1}{n^2}$ сходится, то в силу **Теоремы 3** ряд

$\sum\limits_{n=1}^{\infty} \frac{R_n(t)}{n}$ сходится почти всюду на $[0;1]$. Применяя теперь теорему Кронекера

(см. [1], с. 198), для почти всех $t \in [0;1]$ выводим оценку $M_n(t) = o_t(1)$, а

это и есть усиленный закон больших чисел для системы $R(p_n) \in R$.

Теперь установим необходимый и достаточный признак того, чтобы система $R(p_n)$ была лакунарной системой порядка q ($q > 2$) (коротко ,,S_q - системой" (см. [47j, с. 283)). В работе [46], с. 61—62, доказана

Теорема Карлина. *Система независимых функций* $\{\varphi_n(x)\}$

$(\|\varphi_n\|_2 = 1, \int\limits_0^1 \varphi_n(x)dx = 0, n \geq 0)$ *является* S_q - *системой тогда и только*

тогда, когда $\overline{\lim\limits_{n \to \infty}} \|\varphi_n\|_q < \infty.$

Докажем следующее вспомогательное утверждение

Лемма 1. *Для того, чтобы* $\overline{\lim\limits_{n \to \infty}} \|R_n\|_q < \infty$ ($q > 2$), *необходимо*

и достаточно, чтобы $\overline{\lim\limits_{n \to \infty}} p_n = p < \infty.$

Достаточность условия следует из соотношения

$$\|R_n\|_q^q = \frac{1}{p_n}[(p_n - 1)^{q/2} + (p_n - 1)^{1-q/2}] \leq \frac{1}{2}[(p-1)^{q/2} + 1] < \infty, \ (n = 0,1,2,...).$$

Н е о б х о д и м о с т ь. Если $\varlimsup\limits_{n\to\infty} p_n = \infty$, то существует последовательность (n_i) - такая, что $p_{n_i} \uparrow \infty$ при $i \to \infty$. Тогда

$$\left\| R_{n_i} \right\|_q^q > \left(1 - \frac{1}{p_{n_i}} \right) \left(p_{n_i} - 1 \right)^{q/2-1} > \frac{1}{2} \left(p_{n_i} - 1 \right)^{q/2-1} \underset{i\to\infty}{\to} \infty.$$

Но это противоречит соотношению $\varlimsup\limits_{n\to\infty} \left\| R_n \right\|_q < \infty$.

Из **Теоремы 1**, **Теоремы Карлина** и **Леммы 1** вытекает

Предложение 1. *Система $R(p_n) \in R$ является S_q - системой тогда и только тогда, когда $\varlimsup\limits_{n\to\infty} p_n = p < \infty$.*

Далее найдем условие, при котором системы из класса **R** являются системами полустрогой сходимости в узком смысле (о такой терминологии, а также о терминологии **Предложения 3**, см. [6], с. 10—11; [10], с. 28—29). Сначала убедимся, что имеет место

Лемма 2. $\varlimsup\limits_{n\to\infty} \left\| R_n \right\|_1 \geq \gamma > 0$ *тогда и только тогда, когда* $\varlimsup\limits_{n\to\infty} p_n < \infty$.

Д о с т а т о ч н о с т ь. Если $\varlimsup\limits_{n\to\infty} p_n < \infty$, то в силу **Предложения 1** $R(p_n)$ есть S_q - система, что влечет, ввиду **Теоремы 7.1.4** из [47], $\varlimsup\limits_{n\to\infty} \left\| R_n \right\|_1 \geq \gamma > 0$.

Н е о б х о д и м о с т ь. Если $\varlimsup\limits_{n\to\infty} p_n = \infty$, то существует последовательность (n_i) - такая, что $p_{n_i} \uparrow \infty$ при $i \to \infty$, и тогда

$$\left\| R_{n_i} \right\|_1 = \frac{2}{p_{n_i}} \sqrt{p_{n_i} - 1} < 2 p_{n_i}^{-1/2} \underset{i\to\infty}{\to} 0,$$

что противоречит соотношению $\varlimsup\limits_{n\to\infty} \left\| R_n \right\|_1 \geq \gamma > 0$.

Теорема 1, **Теорема б)** из [6] (с. 10—11) и **Лемма 2** порождают

Предложение 2. *Для того, чтобы система $R(p_n)$ была системой полустрогой сходимости в узком смысле, необходимо и достаточно, чтобы*

$$\varlimsup_{n \to \infty} p_n < \infty .$$

Оказывается, что теорему достаточности этого критерия можно усилить, а именно справедливо

__Предложение 3__. Если $\varlimsup\limits_{n \to \infty} p_n = p < \infty$, *то система* $\boldsymbol{R(p_n)}$ *является системой полустрогой* $\boldsymbol{T^*}$ - *ограниченности в узком смысле.*

Сначала установим аналог *__Леммы Зигмунда__* (см. [11], с. 340—341).

__Лемма 3__. Пусть произвольно задано множество $E \subset [0;1]$ *и пусть* $\varlimsup\limits_{n \to \infty} p_n = p < \infty$. *Тогда существует такое натуральное число* $n_0 = n_0(E, p)$, *что для любой конечной суммы* $S_N(t) = \sum\limits_{n=n_0}^{N} a_n R_n(t)$ *справедливо неравенство*

$$p^{-1}|E|\sum_{n=n_0}^{N} a_n^2 \le \int_E [S_N(t)]^2 dt \le p|E|\sum_{n=n_0}^{N} a_n^2 \qquad (5)$$

Это соотношение имеет место и при $N = \infty$ *с* $(a_n) \in l^2$.

__Доказательство__. Имеем

$$\int_E \left[\sum_{n=n_0}^{N} a_n R_n(t)\right]^2 dt = \sum_{n=n_0}^{N} a_n^2 \int_E R_n^2(t)dt + \sum_{\substack{i,j=n_0 \\ i \ne j}}^{N} a_i a_j \int_E R_i(t)R_j(t)dt . \qquad (6)$$

Ввиду *__Теоремы 2__* система $\left(R_i(t)R_j(t)\right)_{i \ne j}$ ортонормирована, поэтому числа $b_{ij} = \int_E R_i(t)R_j(t)dt$ суть коэффициенты Фурье по этой системе характеристической функции множества E. По неравенству Коши-Буняковского получаем

$$\left| \sum_{\substack{i,j=n_0 \\ i \neq j}}^{N} a_i a_j b_{ij} \right| \leq \left[\sum_{\substack{i,j=n_0 \\ i \neq j}}^{N} (a_i a_j)^2 \right]^{1/2} \left[\sum_{\substack{i,j=n_0 \\ i \neq j}}^{N} (b_{ij})^2 \right]^{1/2} = \left[\sum_{n=n_0}^{N} a_n^2 \right] \left[\sum_{\substack{i,j=n_0 \\ i \neq j}}^{N} (b_{ij})^2 \right]^{1/2} . \quad (7)$$

Так как числа b_{ij} зависят от E и в силу неравенства Бесселя

$\sum_{\substack{i,j=n_0 \\ i \neq j}}^{\infty} (b_{ij})^2 \leq |E| \leq 1,$ то для данного $p \geq 2$ мы можем выбрать

$n_0 = n_0(E, p)$ так, чтобы последний множитель в правой части

соотношения (7) был меньше, чем $|E|[p(p-1)]^{-1} < |E|$. Теперь из

равенства (6) выводим

$$\int_E \left[S_N(t) \right]^2 dt \geq \sum_{n=n_0}^{N} a_n^2 |E|(p-1)^{-1} - \sum_{n=n_0}^{N} a_n^2 |E| p^{-1}(p-1)^{-1} = p^{-1} |E| \sum_{n=n_0}^{N} a_n^2,$$

$$\int_E \left[S_N(t) \right]^2 dt \leq \sum_{n=n_0}^{N} a_n^2 |E|(p-1) + |E| \sum_{n=n_0}^{N} a_n^2 = p |E| \sum_{n=n_0}^{N} a_n^2 .$$

Если $S(t)$ - бесконечный ряд с $\sum_{n=0}^{\infty} a_n^2 < \infty$, то, применяя неравенства (5) к

частичным суммам $S_m(t)$, а затем, устремляя m к ∞, получаем

требуемый результат.

Ввиду доказанной **Леммы 3**, справедливость **Предложения 3**

следует из основной теоремы работы [10]. Из **Предложения 3** выводим

Следствие. Если $\overline{\lim_{n \to \infty}} p_n < \infty$, $\sum_{n=0}^{\infty} a_n^2 = \infty$, то ряд $\sum_{n=0}^{\infty} a_n R_n(t)$ по

системе $R(p_n) \equiv (R_n(t))_{n=0}^{\infty}$ не суммируем почти всюду ни одним методом T^*.

Замечание 4. В силу полученного *Следствия* для рядов по системам типа Радемахера, определяемым ограниченными числовыми последовательностями, справедлив аналог известной теоремы Колмогорова-Хинчина для рядов Радемахера (см. [51]), который сформулирован и доказан в статье [31].

Замечание 5. Из *Теоремы 2* § 3 следует, что для каждой последовательности $(a_n) \notin l^2$ существует система $R(\tilde{p}_n) \equiv \left(\tilde{R}_n(t) \right)$ - такая, что почти всюду сходится ряд $\sum_{n=0}^{\infty} \left| a_n \tilde{R}_n(t) \right|$, при этом $\overline{\lim_{n \to \infty}} \tilde{p}_n = \infty$.

§ 2. Коэффициенты Фурье

Для интегрируемой функции f её коэффициенты Фурье по системе типа Радемахера $\boldsymbol{R(p_n)} \equiv (\boldsymbol{R_n(t)})_{n=0}^{\infty}$ определяются соотношением

$$\hat{f}(n) = \int_0^1 f(t) R_n(t) dt \ , \ n=0,1,2,\dots \quad (8)$$

Пусть функция $f \in \boldsymbol{L}^q(0;1)$, $(1 \le q < \infty)$, Обозначим через

$$\omega_q(\delta, f) = \sup_{0 < h \le \delta} \left\{ \int_0^{1-h} \left| f(t+h) - f(t) \right|^q dt \right\}^{1/q}$$

интегральный модуль непрерывности функции f в пространстве $\boldsymbol{L}^q(0;1)$.

Если $f \in C(0;1)$, то через $\omega(\delta, f)$ обозначается обычный модуль непрерывности функции f

$$\omega(\delta, f) = \sup_{\substack{0 < h \le \delta \\ x, x+h \in [0;1]}} \left| f(x+h) - f(x) \right|$$

20

Через $V_q(0;1), (0 < q < \infty)$ обозначается класс функций, имеющих ограниченную q-ю вариацию по Винеру, т. е. таких, что

$$V_q(f) \equiv \sup_{\Pi} \left\{ \sum_{i-1}^{n} \left| f(t_i) - f(t_{i-1})^q \right| \right\}^{1/q} < \infty, \tag{9}$$

где Π — произвольное разбиение $0 = t_0 < t_1 < ... < t_n = 1$ отрезка [0; 1]. Известно, что $V_{q_1} \subset V_{q_2}$ при $1 \le q_1 < q_2$; $V_1(0;1)$ - обычный класс функций ограниченной вариации.

Дадим теперь оценки коэффициентов Фурье по системе типа Радемахера функций из различных классов. Справедлива

Теорема 1. *Пусть f – измеримая функция на* [0;1]. *Для коэффициентов Фурье* $\hat{f}(n), (n \ge 0)$ *по системе типа Радемахера* $\boldsymbol{R(p_n)} \equiv (\boldsymbol{R}_n(t))_{n=0}^{\infty}$ *функции f справедливы неравенства*

$$\left| \hat{f}(n) \right| \le \frac{2M}{\sqrt{p_n}} \quad \text{при} \ \left| f(t) \right| \le M < \infty, \ t \in [0;1] \tag{10}$$

$$\left| \hat{f}(n) \right| \le \frac{1}{\sqrt{p_n}} \omega\left(\frac{1}{m_n}; f\right), \ \text{если} \ f \in C(0;1) \tag{11}$$

$$\left| \hat{f}(n) \right| \le \sqrt{p_n}\, \omega_q\left(\frac{1}{m_n}; f\right), \quad \text{если} f \in \boldsymbol{L}^q(0;1), \ (1 \le q < \infty) \tag{12}$$

$$\left| \hat{f}(n) \right| \le 3^{\frac{1}{q}} V_q(f) \frac{\sqrt{p_n}}{m_n^{\frac{1}{q}}}, \quad \text{если} \ f \in V_q(0;1), (1 \le q < \infty) \tag{13}$$

Доказательство. Неравенство (10) вытекает из соотношений (1) и (8). Далее, пользуясь определением системы $R(p_n) \equiv (R_n(t))_{n=0}^{\infty}$, имеем для $n \geq 0$:

$$\hat{f}(n) = \int_0^1 f(t)R_n(t)dt = \frac{1}{\sqrt{p_n-1}} \sum_{r=0}^{m_n-1} \sum_{i=1}^{p_n-1} \int_{\frac{r}{m_n}}^{\frac{r}{m_n}+\frac{1}{m_{n+1}}} \left[f(t) - f\left(t + \frac{i}{m_{n+1}}\right) \right] dt. \quad (14)$$

Из полученного соотношения для функции $f \in C(0;1)$ с учётом монотонности её модуля непрерывности следует неравенство (11). Если же функция $f \in L^q(0;1)$, $(1 \leq q < \infty)$, то ввиду монотонности её интегрального модуля непрерывности из (14) следует (12). Пусть теперь функция $f \in V_q(0;1)$, $(1 \leq q < \infty)$. Тогда, очевидно, $f \in L^q(0;1)$, $(1 \leq q < \infty)$ и потому справедливо неравенство (12). Тогда, применяя лемму Голубова (см., напр., [7], с. 306), получаем неравенство (13).

§ 3. *Абсолютная сходимость рядов по системам типа Радемахера*

Ниже устанавливаются признаки абсолютной сходимости рядов по системам типа Радемахера. Имеют место следующие утверждения

Теорема 1. *Для абсолютной сходимости почта всюду на* $[0;1]$ *ряда* $\sum_{n=0}^{\infty} a_n R_n(t)$ *по системе типа Радемахера* $R(p_n) \equiv (R_n(t))_{n=0}^{\infty}$, *где* $\varlimsup_{n \to \infty} p_n = \infty$, *необходимо и достаточно выполнения неравенства*

$$\sum_{n=0}^{\infty} |a_n| p_n^{-1/2} < \infty. \quad (15)$$

Д о с т а т о ч н о с т ь . Учитывая, что $\int\limits_0^1 \left| R_n(t) \right| dt < 2\, p_n^{-1/2}$, $n \geq 0$, в силу

(15) имеем $\sum\limits_{n=0}^{\infty} \left| a_n \right| \int\limits_0^1 \left| R_n(t) \right| dt < \infty$. Поэтому, на основании теоремы Б.Леви

(см. [1], с. 19) ряд $\sum\limits_{n=0}^{\infty} \left| a_n R_n(t) \right|$ сходится почти всюду.

Н е о б х о д и м о с т ь . Известно, что почти всякая точка $t \in [0;1]$ является $\{p_n\}$ - адически иррациональной, т. е. такой, что разложение

$$t = \sum\limits_{n=0}^{\infty} \alpha_n(t) m_{n+1}^{-1}, \quad 0 \leq \alpha_n(t) \leq p_n - 1, \tag{16}$$

единственно. Пусть t_0 есть произвольная $\{p_n\}$ - адически

иррациональная точка и пусть $\sum\limits_{n=0}^{\infty} \left| a_n R_n(t_0) \right| = K < \infty$. Тогда ввиду

соотношений (16) и (1) получаем

$$K = \sum\limits_{n=0}^{\infty} \left| a_n \right| \left| R_n(t_0) \right| \geq \sum\limits_{n=0}^{\infty} \left| a_n \right| \left(p_n - 1 \right)^{-1/2} > \sum\limits_{n=0}^{\infty} \left| a_n \right| p_n^{-1/2}$$

и, таким образом, ввиду произвольности выбора точки t_0 выполнено неравенство (15).

Из **Теоремы 1** с помощью неравенства Коши - Буняковского выводим

Следствие. *Если числовая положительная последовательность $\omega(n)$ и последовательность (p_n), определяющая систему типа Радемахера*

$R(p_n) \equiv (R_n(t))_{n=0}^{\infty}$, *- таковы, что* $\sum\limits_{n=0}^{\infty} \{p_n \omega(n)\}^{-1} < \infty$, *то из условия*

$\sum\limits_{n=0}^{\infty} a_n^2 \omega(n) < \infty$ *вытекает сходимость почти всюду на [0;1]*

ряда $\sum\limits_{n=0}^{\infty} \left| a_n R_n(t) \right|$.

Теорема 2. *Для любой последовательности* $(a_n) \notin l^1$ *существуют зависящие от* (a_n) *системы* $\left(R_n(t) \right)$ *и* $\left(\overset{\approx}{R}_n(t) \right)$ *- такие, что почти всюду на* $[0;1]$ *сходится ряд* $\sum\limits_{n=0}^{\infty} \left| a_n R_n(t) \right|$ *и почти всюду на* $[0;1]$ *расходится ряд* $\sum\limits_{n=0}^{\infty} \left| a_n \overset{\approx}{R}_n(t) \right|$.

Доказательство. Ввиду известного результата Абеля и Дини для любой последовательности $(a_n) \notin l^1$ выполняются соотношения

$$\sum_{n=0}^{\infty} |a_n| S_n^{-1} = \infty \, ; \quad \sum_{n=0}^{\infty} |a_n| S_n^{-1-\delta} < \infty, \, (\delta > 0), \text{ где } S_n = \sum_{i=0}^{n} |a_i|.$$

Не ограничивая общности, можем считать, что $S_n \geq 2$, $(n \geq 0)$ (взяв, например, $|a_0| = 2$). Полагая, при фиксированном $\delta > 0$, $p_n = \left[S_n^{1+\delta} \right]^2$, $(n = 0,1,2,\ldots)$ (здесь и далее $[B]$ - целая часть числа B) и применяя ***Теорему 1*** из этого параграфа, получаем, что почти всюду на $[0;1]$ сходится ряд $\sum\limits_{n=0}^{\infty} \left| a_n R_n(t) \right|$, где $\left(R_n(t) \right) \equiv R \left(p_n \right)$.

Положим далее $\overset{\approx}{p}_n = \left[S_n \right]^2$, $(n \geq 0)$. Ввиду расходимости ряда $\sum\limits_{n=0}^{\infty} |a_n| \left(\overset{\approx}{p}_n \right)^{-1/2}$ нарушено необходимое условие сходимости почти всюду на $[0;1]$ ряда $\sum\limits_{n=0}^{\infty} \left| a_n \overset{\approx}{R}_n(t) \right|$, где $\left(\overset{\approx}{R}_n(t) \right) = R \left(\overset{\approx}{p}_n \right)$. Легко усмотреть, что этот ряд расходится в каждой $\left\{ \overset{\approx}{p}_n \right\}$ - адически иррациональной точке отрезка $[0;1]$, то есть почти всюду на $[0;1]$.

<u>З а м е ч а н и е 1.</u> В частности, ряд $\sum\limits_{n=0}^{\infty}\left|a_n R_n(t)\right|$ сходится почти всюду на $[0;1]$, даже, если $(a_n)\notin l^1$ и $(a_n)\notin l^2$.

<u>З а м е ч а н и е 2.</u> Если же $(a_n)\notin l^1$, но $(a_n)\in l^2$, то в силу ***Теоремы 3*** из **§ 1** ряд $\sum\limits_{n=0}^{\infty}a_n \overset{\approx}{R}_n(t)$ сходится на $[0;1]$ почти всюду, но сходится не абсолютно - ввиду заключительного утверждения доказанной выше ***Теоремы 2.***

Рассмотрим теперь абсолютную сходимость почти всюду рядов Фурье по системам класса ***R***. Обращаясь к результатам **§ 2** и применяя ***Теорему 1*** из **§ 3,** получаем следующее утверждение

<u>***Т е о р е м а 3.***</u> *Ряд Фурье функции f по системе* $R(p_n) \equiv (R_n(t))_{n=0}^{\infty}$, *где* $\varlimsup\limits_{n\to\infty}p_n = \infty$, *то есть ряд* $\sum\limits_{n=0}^{\infty}\hat{f}(n)R_n(t)$, *абсолютно сходится почти всюду на* $[0;1]$, *если*

$$\sum_{n=0}^{\infty}p_n^{-1} < \infty, \quad при \ \left|f(t)\right|\leq M < \infty, \ t\in[0;1],$$

$$\sum_{n=0}^{\infty}p_n^{-1}\omega\left(\frac{1}{m_n};f\right) < \infty, \quad при \ f\in C(0;1),$$

$$\sum_{n=0}^{\infty}\omega_q\left(\frac{1}{m_n};f\right) < \infty, \quad при \ f\in L^q(0;1), \ (1\leq q < \infty).$$

<u>***Следствие.***</u> *Ряд Фурье функции* $f\in V_q(0;1), (1\leq q < \infty)$ *по любой системе* $R(p_n)$, *где* $\varlimsup\limits_{n\to\infty}p_n = \infty$, *сходится абсолютно почти всюду.*

Далее в силу известной теоремы Вейерштрасса об абсолютной и равномерной сходимости всюду функционального ряда, мажорируемого сходящимся положительным рядом, и определения систем класса **R** убеждаемся, что справедлива

Теорема 4. *Если последовательность* (p_n), *определяющая систему* $R(p_n) \equiv (R_n(t))_{n=0}^{\infty}$, *и последовательность коэффициентов* (a_n) *ряда по этой системе - таковы, что* $\sum\limits_{n=0}^{\infty} |a_n| \sqrt{p_n} < \infty$, *то ряд* $\sum\limits_{n=0}^{\infty} |a_n R_n(t)|$ *сходится равномерно всюду на* $[0;1]$.

Теперь конъюнкция ***Теоремы 4*** и ***Теоремы 1*** из § 2 имплицирует достаточные условия абсолютной и равномерной сходимости всюду рядов Фурье по системам типа Радемахера функций из различных классов.

Теорема 5. *Ряд Фурье функции f по системе* $R(p_n) \equiv (R_n(t))_{n=0}^{\infty}$, *где* $\overline{\lim\limits_{n \to \infty}} p_n = \infty$, *то есть ряд* $\sum\limits_{n=0}^{\infty} \hat{f}(n) R_n(t)$, *абсолютно и равномерно сходится всюду на* $[0;1]$, *если*

$$\sum_{n=0}^{\infty} \omega\left(\frac{1}{m_n}; f\right) < \infty, \quad \textit{при } f \in C(0;1),$$

$$\sum_{n-0}^{\infty} p_n \omega_q\left(\frac{1}{m_n}; f\right) < \infty, \quad \textit{при } f \in L^q(0;1), \quad (1 \le q < \infty),$$

$$\sum_{n=0}^{\infty} \frac{p_n}{m_n^{1/q}} < \infty, \quad \textit{при} \quad f \in V_q(0;1), (1 \le q < \infty).$$

§ 4. *О функциях, представимых рядами по системам класса **R***

Пусть имеется ряд $\sum\limits_{n=0}^{\infty} a_n R_n(t)$, $t \in [0;1]$, по системе $\boldsymbol{R}(p_n) \equiv (\boldsymbol{R}_n(t))_{n=0}^{\infty}$,

где $(a_n)_{n=0}^{\infty}$ - последовательность действительных чисел. Будем обозначать через $F(t)$ сумму этого ряда всякий раз, когда она существует. В некоторых публикациях (см., напр., литературу к [53] и к [2], § 9) изучались свойства функции F, представимой рядом по системе Радемахера. В частности, в статье [53] исследуется влияние различных требований, предъявляемых к последовательности (a_n), на свойства непрерывности, дифференцируемости и вариации функции F. Зададимся подобной целью для функций, представимых рядами по системам класса $\boldsymbol{R}$. Справедлива

Теорема 1. *Условие* $\sum\limits_{n=0}^{\infty} |a_n| p_n^{-1/2} < \infty$ *достаточно для того,*

чтобы функция F: $F(t) = \sum\limits_{n=0}^{\infty} a_n R_n(t)$, $t \in [0;1]$, *где* $(\boldsymbol{R}_n(t))_{n=0}^{\infty} \equiv \boldsymbol{R}(p_n)$,

принадлежала пространству $\boldsymbol{L}(0;1)$, *и необходимо для того, чтобы функция* F *была существенно ограниченной.*

Доказательство. Достаточность указанного условия для включения $F \in \boldsymbol{L}(0;1)$ следует из соотношения

$$\|F\|_1 = \int\limits_0^1 \left| \sum\limits_{n=0}^{\infty} a_n R_n(t) \right| dt \le \sum\limits_{n=0}^{\infty} |a_n| \int\limits_0^1 |R_n(t)| dt < 2\sum\limits_{n=0}^{\infty} |a_n| p_n^{-1/2}.$$

Если же функция F: $F(t) = \sum\limits_{n=0}^{\infty} a_n R_n(t)$, $t \in [0;1]$, является существенно ограниченной, то согласно теореме 4 из [45] (с. 51—52) почти всюду на $[0;1]$ сходится ряд $\sum\limits_{n=0}^{\infty} |a_n R_n(t)|$, что влечёт ввиду ***Теоремы 1*** из § 3 соотношение $\sum\limits_{n=0}^{\infty}\left|a_n\right|p_n^{-1/2}<\infty$.

Наряду с **Теоремой 1** имеет место

Теорема 2. *Если функции* $F\colon F(t)=\sum\limits_{n=0}^{\infty}a_nR_n(t),\ t\in[0;1],\ где\ все\ a_n\geq0,$ *а* $(R_n(t))_{n=0}^{\infty}\equiv R(p_n)$ *- система типа Радемахера – является существенно ограниченной функцией, то* $\sum\limits_{n=0}^{\infty}a_n\sqrt{p_n-1}<\infty$.

Доказательство этого утверждения имеется в статье [15], с. 40-41.

Далее справедлива

Теорема 3. *Пусть последовательность* (p_n), *определяющая систему типа Радемахера* $R(p_n)\equiv(R_n(t))_{n=0}^{\infty}$, *и последовательность* (a_n) *коэффициентов ряда по этой системе таковы, что выполнено соотношение* $\sum\limits_{n=0}^{\infty}\left|a_n\right|\sqrt{p_n}<\infty$.

Тогда функция $F\colon F(t)=\sum\limits_{n=0}^{\infty}a_nR_n(t),\ t\in[0;1],$ *есть всюду ограниченная функция, непрерывная в* $\{p_n\}$ *- адически иррациональных точках отрезка* $[0;1]$, *при этом ряд* $\sum\limits_{n=0}^{\infty}a_nR_n(t)$ *является рядом Фурье своей суммы* $F(t)$.

В самом деле, при условии теоремы ряд $\sum\limits_{n=0}^{\infty}a_nR_n(t)$ всюду на $[0;1]$ сходится равномерно к $F(t)$ и поэтому непрерывность функции F в $\{p_n\}$ - адически иррациональных точках отрезка $[0;1]$ следует из определения системы $R(p_n)$. Остальные утверждения **Теоремы 3** очевидны.

Для доказательства следующей теоремы нам понадобится

Лемма ([53], с. 376). _Если_ $V_q(f_n)$ _есть q-я вариация функции_ f_n, _то_

$$V_q\left(\sum_{n=1}^{\infty} f_n\right) \le \sum_{n=1}^{\infty} V_q(f_n) \quad (1 \le q < \infty);$$

$$V_q^q\left(\sum_{n=1}^{\infty} f_n\right) \le \sum_{n=1}^{\infty} V_q^q(f_n) \quad (0 < q \le 1).$$

Имеет место

Теорема 4. _Функция_ F: $F(t) = \sum_{n=0}^{\infty} a_n R_n(t), t \in [0;1]$, _где_ $(R_n(t))_{n=0}^{\infty} \equiv R(p_n)$, _является функцией ограниченной_ q – _вариации, если_

$$\sum_{n=0}^{\infty} |a_n| m_n^{1/q} \left[(p_n - 1)^{1/2} + (p_n - 1)^{-1/2} \right] < \infty \quad (1 \le q < \infty);$$

$$\sum_{n=0}^{\infty} |a_n|^q m_n \left[(p_n - 1)^{q/2} + (p_n - 1)^{-q/2} \right] < \infty \quad (0 < q \le 1).$$

Действительно, из определений (1) и (9) выводим соотношения

$$V_q(R_n) \le 2^{1/q} m_n^{1/q} \left[(p_n - 1)^{1/2} + (p_n - 1)^{-1/2} \right] \quad (1 \le q < \infty);$$

$$V_q^q(R_n) \le 2 m_n \left[(p_n - 1)^{q/2} + (p_n - 1)^{-q/2} \right] \quad (0 < q \le 1).$$

Применяя теперь вышеприведённую лемму, завершаем доказательство **Теоремы 4.**

Следствие. _Если_ $\displaystyle\sum_{n=0}^{\infty}\left|a_n\right|m_{n+1}\left(p_n-1\right)^{-1/2}<\infty$, _то функция_

F: $\displaystyle F(t)=\sum_{n=0}^{\infty}a_n R_n(t)$, $t\in[0;1]$, _почти всюду дифференцируема._

Оказывается, что при $q=1$ **_Теорема 4_** окончательна в смысле следующего утверждения.

Теорема 5. _Пусть_ $\left|a_i\right|\left[\left(p_i-1\right)^{1/2}+\left(p_i-1\right)^{-1/2}\right]\downarrow0$ _при_ $i\to\infty$.

Если $\displaystyle\sum_{n=0}^{\infty}\left|a_n\right|m_n\left[\left(p_n-1\right)^{1/2}+\left(p_n-1\right)^{-1/2}\right]=\infty$, _то функция_

$$\Phi:\ \Phi(t)=\sum_{n=0}^{\infty}(-1)^n a_n R_n(t),\ \ t\in[0;1],$$

не является функцией ограниченной вариации.

Доказательство этой теоремы приведено в статье [15], с. 42.

§ 5. _О классе ортонормированных систем типа Уолша._
Связь между системами типа Радемахера и системами типа Хаара

Пусть (p_m) — произвольная последовательность натуральных чисел $p_m\geq2$, $m\geq0$, а $R(p_m)\equiv\left(R_m(t)\right)_{m=0}^{\infty}$ - задаваемая ею система типа Радемахера. Пусть далее индекс $n\geq1$ представлен в виде

$$n=\sum_{k=0}^{s}q_k 2^k,\ \text{где}\ \ q_k=0,1,\ \ s=\left[\log_2 n\right],\ \ q_s=1$$

Ввиду **_Теоремы 2_** из **§ 1** система произведений $W(p_n)\equiv\left(W_n(t)\right)_{n=1}^{\infty}$:

$$W_n(t)=\prod_{k=0}^{s}\left[R_k(t)\right]^{q_k},\ (n\geq1);\ W_0(t)\equiv1,\ \ t\in[0;1],$$

является ортонормированной системой функций на $[0;1]$. Множество всех систем $W(p_n)$ будем обозначать через W. Класс W содержит в себе классическую систему Уолша, которая представляет систему $W(2)$. Поэтому всякую систему класса W будем называть системой типа Уолша.

Каждая система $R(p_n) \in R$ является частью соответствующей системы $W(p_n) \in W$, а именно

$$R_m(t) = W_{2^m}(t), \quad t \in [0;1], \quad m = 0, 1, 2, \ldots.$$

В заключение отметим связь между системой типа Радемахера $R(p_n) \equiv (R_n(t))_{n=0}^{\infty}$ и системой типа Хаара $X(p_n) \equiv (X_n(t))_{n=0}^{\infty}$, определяемыми одной и той же последовательностью (p_n) натуральных чисел $p_n \geq 2$ $(n \geq 0)$.

Системы типа Хаара впервые были введены Н. Я. Виленкиным (см. [4], с. 476-479), затем изучались в ряде работ (см., напр., нашу статью [14] и библиографию к ней). Используя определение системы типа Хаара $X(p_n) \equiv (X_n(t))_{n=0}^{\infty}$ в [14] и определение (1) системы типа Радемахера $R(p_n) \equiv (R_n(t))_{n=0}^{\infty}$, нетрудно убедиться (см. [15], с. 43 и [19], с. 12-13), что имеет место равенство

$$R_n(t) = \frac{1}{\sqrt{m_{n+1} - m_n}} \sum_{r=0}^{m_n-1} \sum_{s=1}^{p_n-1} X_{nr}^{(s)}(t), \quad t \in [0;1], \quad (n = 0, 1, 2, \ldots).$$

ГЛАВА II

КОНТИНУАЛЬНЫЕ АНАЛОГИ ОРТОНОРМИРОВАННЫХ СИСТЕМ ФУНКЦИЙ. ПРЕОБРАЗОВАНИЯ И ИНТЕГРАЛЫ ФУРЬЕ

§ 1. *Понятие скрещенного произведения ортонормированных систем функций*

Пусть $\Phi = (\varphi_k)_{k=0}^{\infty}$ и $\Psi = (\psi_k)_{k=0}^{\infty}$ - две произвольные ортонормированные на $[0;1[$ системы (о.н.с.), все функции которых с периодом 1 продолжены на правую полуось R_0. Скрещенным произведением о.н.с. $\Phi = (\varphi_k)_{k=0}^{\infty}$ на о.н.с. $\Psi = (\psi_k)_{k=0}^{\infty}$ называется функция $K_{\Phi\Psi}$, определяемая на $R_0 \times R_0$ соотношением:

$$K_{\Phi\Psi}(x,y) = \varphi_{[y]}(x) \cdot \psi_{[x]}(y),$$

где $[a]$ - целая часть числа $a \in R_0$ (см. [5]). Полагая для $\forall n\ \psi_n(0) = 1$, получаем $K_{\Phi\Psi}(x,\ n) = \varphi_n(x)$; полагая $\forall n\ \varphi_n(0) = 1$, получаем $K_{\Phi\Psi}(n,\ y) = \psi_n(y)$. Следовательно, функция $K_{\Phi\Psi}$ может рассматриваться как континуальный аналог каждой из о.н. с. Φ и Ψ.

§ 2. *Преобразования и интегралы Фурье интегрируемых функций*

Если Φ и Ψ – ограниченные о.н.с., то их скрещенное произведение $K_{\Phi\Psi}$ порождает для всякой функции $f \in L(0;\infty)$ её интегральные преобразования вида (см. [5], с. 471-474):

$$\hat{f}(y) = \int_0^{\infty} f(x)\overline{K_{\Phi\Psi}(x,y)}dx,\ y \in R_0,\ \text{и}\ f^*(x) = \int_0^{\infty} f(y)K_{\Phi\Psi}(x,y)dy,\ x \in R_0, \quad (1)$$

которые являются аналогами классического преобразования Фурье в пространстве **L,** и которые мы называем соответственно ^ - и * - преобразованиями Фурье по отношению к $K_{\Phi\Psi}$ функции f в пространстве $L(0;\infty)$. Очевидно, что преобразование $\hat{f}$ является континуальным аналогом коэффициентов Фурье интегрируемой функции f по о.н.с. Φ, а преобразование f^* является континуальным аналогом коэффициентов Фурье той же функции по о.н.с. Ψ. Отметим, что если имеют место соотношения (1), то при этом выполняются неравенства:

$$\forall\ y\in R_0: |\hat{f}(y)| \le C_{\Phi\Psi}\|f\|_1\ \text{ и }\ \forall\ x\in R_0: |f^*(x)| \le C_{\Phi\Psi}\|f\|_1,$$

где $C_{\Phi\Psi}$ - абсолютная константа, зависящая от о.н.с. Φ и о.н.с. Ψ.

Заметим, что, если хотя бы одна из компонент скрещенного произведения $K_{\Phi\Psi}$ является неограниченной о.н.с., существование для функции $f\in L(0;\infty)$ её преобразований Фурье по отношению к $K_{\Phi\Psi}$ не очевидно. Одна из таких ситуаций будет рассмотрена в третьей главе.

Если для интегрируемой функции f существуют её преобразования Фурье по отношению к $K_{\Phi\Psi}$ в пространстве $L(0;\infty)$, то обычным образом определяются ^ - и * - интегралы Фурье по отношению к $K_{\Phi\Psi}$ этой функции:

$$\int_0^\infty \hat{f}(y)K_{\Phi\Psi}(x,y)dy,\ x\in R_0,\ \text{ и }\ \int_0^\infty f^*(x)\overline{K_{\Phi\Psi}(x,y)}dx,\ y\in R_0.$$

§ 3. Преобразования и интегралы Фурье L^2 - функций

Для функции f из пространства $L^2(0;\infty)$ ее преобразования Фурье по отношению к произвольному скрещенному произведению $K_{\Phi\Psi}$ определены в работе [16] равенствами:

$$\hat{f}(y) \overset{L^2}{=} \int_0^\infty f(x)\overline{K_{\Phi\Psi}(x,y)}dx,\ y\in R_0,\ f^*(x) \overset{L^2}{=} \int_0^\infty f(y)K_{\Phi\Psi}(x,y)dy,\ x\in R_0. \text{ (2)}$$

Эти преобразования являются аналогами классического преобразования Фурье в пространстве L^2, и которые мы называем соответственно $\wedge$ - и $*$ - преобразованиями Фурье по отношению к $K_{\Phi\Psi}$ функции f в пространстве $L^2(0;\infty)$. При этом выполняются неравенства

$$\|\hat{f}\|_2 \leq \|f\|_2 \text{ и } \|f^*\|_2 \leq \|f\|_2,$$

которые являются континуальными аналогами неравенства Бесселя, связывающего коэффициенты Фурье функции $f \in L^2(0;1)$ по любой о.н.с. с нормой функции f. Из этих неравенств следует, что для любой функции f из пространства $L^2(0;\infty)$ её преобразования Фурье $\hat{f}$ и f^* по отношению к произвольному скрещенному произведению $K_{\Phi\Psi}$ также принадлежат пространству $L^2(0;\infty)$.

Если о.н.с. Φ является полной, то при любой о.н.с. Ψ имеет место равенство $\|\hat{f}\|_2 = \|f\|_2$. Если же полной является о.н.с. Ψ, то при любой о.н.с. Φ выполняется равенство $\|f^*\|_2 = \|f\|_2$, (см **Теоремы 1** и **2** в [16]). Эти равенства вместе с соотношением $\|\hat{f}\|_2 = \|f^*\|_2 = \|f\|_2$ в случае полноты обеих компонент скрещенного произведения $K_{\Phi\Psi}$ являются континуальными аналогами равенства Парсеваля, связывающего коэффициенты Фурье функции $f \in L^2(0;1)$ по полной о.н.с. с нормой этой функции.

Отметим свойства преобразований Фурье L^2 - функций, которые будут использованы в четвёртой главе.

Теорема 1 ([16]). *Если $f \in L^2(0;\infty) \cap L(0;\infty)$, а о.н.с. Φ и Ψ таковы, что определены преобразования Фурье функции f по отношению к $K_{\Phi\Psi}$ в пространстве $L(0;\infty)$, то они эквивалентны соответствующим преобразованиям Фурье этой функции по отношению к $K_{\Phi\Psi}$ в пространстве $L^2(0;\infty)$.*

Теорема 2 ([18], [19]). *Для любых двух функций* f *и* g *из пространства* $L^2(0;\infty)$ *и их преобразований Фурье* $\hat{f}$ *и* g^* *по отношению к произвольному скрещенному произведению* $K_{\Phi\Psi}$ *справедливо равенство*

$$\int_0^\infty \hat{f}(y)\overline{g(y)}dy = \int_0^\infty f(u)\overline{g^*(u)}du.$$

Теорема 3 ([34], [35]). *Пусть* Φ *и* Ψ *- произвольные о.н.с., а* $K_{\Phi\Psi}$ *- их скрещенное произведение. Если функция* $f \in L^2(0;\infty)$ *такова, что*

$$\sum_{m=0}^\infty \sqrt{\int_m^{m+1}|f|^2} < \infty,$$ *то для её преобразований Фурье по отношению к* $K_{\Phi\Psi}$ *в пространстве* $L^2(0;\infty)$ *почти всюду на* R_0 *справедливы равенства*

$$\hat{f}(y) = \int_0^\infty f(x)\overline{K_{\Phi\Psi}(x,y)}dx \quad u \quad f^*(x) = \int_0^\infty f(y)K_{\Phi\Psi}(x,y)dy.$$

Теперь введём понятия интегралов Фурье L^2 - функции.

Интеграл $\int_0^\infty \hat{f}(y)K_{\Phi\Psi}(x,y)dy$, понимаемый как предел в метрике L^2 последовательности соответствующих частных интегралов, будем называть $\wedge$ - интегралом Фурье функции f по отношению к скрещенному произведению $K_{\Phi\Psi}$ в пространстве $L^2(0;\infty)$. Аналогично определяется $*$ - интеграл Фурье функции f по отношению к скрещенному произведению $K_{\Phi\Psi}$ в пространстве $L^2(0;\infty)$, то есть интеграл $\int_0^\infty f^*(x)\overline{K_{\Phi\Psi}(x,y)}dx$. В силу **Теорем 1** и **2** из [16] эти интегралы всегда сходятся в метрике пространства $L^2(0;\infty)$ к некоторым функциям этого пространства. В статье [22], с. 83-86, (см. также [30]) доказаны формулы обращения определённых выше $\wedge$ - и $*$ - преобразований

Фурье по отношению к $K_{ФΨ}$ функции $f \in L^2(0; \infty)$, точнее, справедливы теоремы:

Теорема 4. _Если_ $Ф$ - _полная о.н.с., а_ $Ψ$ - _произвольная о.н.с., то для любой функции_ $f \in L^2(0; \infty)$ _и её преобразования Фурье_ $\hat{f}$ _по отношению к скрещенному произведению_ $K_{ФΨ}$ _имеет место представление_

$$f(x) \overset{L^2}{=} \int_0^\infty \hat{f}(y) K_{ФΨ}(x, y) dy, \ x \in R_0.$$

Теорема 5. _Если_ $Ф$ - _произвольная о.н.с., а_ $Ψ$ - _полная о.н.с., то для любой функции_ $f \in L^2(0; \infty)$ _и её преобразования Фурье_ f^* _по отношению к скрещенному произведению_ $K_{ФΨ}$ _справедлива формула обращения_ f^*:

$$f(y) \overset{L^2}{=} \int_0^\infty f^*(x) \overline{K_{ФΨ}(x, y)} dx, \ y \in R_0.$$

С помощью **_Теорем 4_** и **5** доказываются полезные для дальнейшего изложения утверждения о композициях операторов, определяющих преобразования $\hat{f}$ и f^*. Например, справедлива

Теорема 6 ([30]). _Пусть_ $Ф$ - _произвольная о.н.с.,_ $Ψ$ - _произвольная полная о.н.с.,_ $K_{ФΨ}$ - _их скрещенное произведение, а_ f – _произвольная функция из пространства_ $L^2(0; \infty)$. _Тогда композиция операторов_ T^*: $f \to f^*$ _и_ $T^\wedge$: $f \to \hat{f}$, _определяющих преобразования Фурье функций из_ $L^2(0; \infty)$ _по отношению к_ $K_{ФΨ}$, _является тождественным оператором, т.е._ $T^\wedge T^* = I$.

Сформулируем теперь континуальный аналог знаменитой в теории ортогональных рядов теоремы Меньшова-Радемахера (см. [32] и [33]).

Теорема 7. _Пусть_ $Ф$ _и_ $Ψ$ - _произвольные о.н.с., а_ $K_{ФΨ}$ - _их скрещенное произведение. Если функция_ f _такова, что_

$$\int_0^\infty |f(t)|^2 \log_2^2(t + 2) dt < \infty,$$

то почти всюду на $\boldsymbol{R}_0$ сходятся интегралы

$$\int\limits_0^\infty f(x)\overline{K_{\Phi\Psi}(x,y)}dx \quad u \quad \int\limits_0^\infty f(y)K_{\Phi\Psi}(x,y)dy.$$

Приведём далее один из континуальных аналогов теоремы Рисса-Фишера, который также будет использован в главе IY.

Теорема 8 ([28], [29]). *Если* $\boldsymbol{\Phi}$ - *произвольная о.н.с.,* $\boldsymbol{\Psi}$ - *произвольная*

полная о.н.с., то интеграл $\int\limits_0^\infty g(y)K_{\Phi\Psi}(x,y)dy$, *где* $g \in \boldsymbol{L}^2(0;\infty)$ *является*

$^{\wedge}$ - *интегралом Фурье по отношению к скрещенному произведению* $\boldsymbol{K}_{\Phi\Psi}$ *в*

пространстве $\boldsymbol{L}^2(0;\infty)$ *функции* $f = g^*$.

§ 4. Преобразования Фурье L^p - функций

Для большей полноты информации о континуальных аналогах ортонормированных систем функций отметим, что в заметке [17] (см. также [21] и [26]) для любой функции f из пространства $\boldsymbol{L}^p(0;\infty)$, $1 \le p \le 2$, определены ее преобразования Фурье по отношению к скрещенному произведению $\boldsymbol{K}_{\Phi\Psi}$, образованному ограниченными о.н.с. $\boldsymbol{\Phi}$ и $\boldsymbol{\Psi}$, следующими соотношениями:

$$\hat{f}(y) = \overset{L^q}{\int\limits_0^\infty} f(x)\overline{K_{\Phi\Psi}(x,y)}dx, \ y \in \boldsymbol{R}_0, \quad f^*(x) = \overset{L^q}{\int\limits_0^\infty} f(y)K_{\Phi\Psi}(x,y)dy, \ x \in \boldsymbol{R}_0, \quad (3)$$

где

$$\frac{1}{p} + \frac{1}{q} = 1.$$

При этом выполняются неравенства

$$\left\| \hat{f} \right\|_q \le \boldsymbol{C}_{\Phi\Psi} \left\| f \right\|_p \quad u \quad \left\| f^* \right\|_q \le \boldsymbol{C}_{\Phi\Psi} \left\| f \right\|_p,$$

где $\boldsymbol{C}_{\Phi\Psi}$ - абсолютная константа, зависящая от о.н.с. $\boldsymbol{\Phi}$ и о.н.с. $\boldsymbol{\Psi}$.

Очевидно, что соотношения (3) при $p = 1$ дают равенства (1), а при $p = 2$ — равенства (2), но лишь при условии ограниченности о.н.с. Φ и Ψ.

§ 5. *Определение континуальных аналогов систем типа Радемахера.*

Континуальный аналог любой системы типа Радемахера строится на основе конструкции скрещенного произведения двух ортонормированных систем функций, введённой в работе [5] и указанной выше в первом параграфе настоящей главы

$$K_{\Phi\Psi}(x, y) = \varphi_{[y]}(x) \cdot \psi_{[x]}(y), \quad (x, y) \in R_0 \times R_0,$$

где $[a]$ - целая часть числа $a \in R_0$.

Взяв в качестве одной из компонент скрещенного произведения $K_{\Phi\Psi}$ ортонормированную систему функций типа Радемахера $R(p_n) = (R_n(t))_{n=0}^{\infty}$, мы получаем континуальные аналоги этой системы видов $K_{R\Psi}$ и $K_{\Phi R}$, где в качестве Φ и Ψ могут выступать любые о.н.с.. Далее будут рассматриваться лишь функции вида

$$K_{R\Psi}(x, y) = R_{[y]}(x) \cdot \psi_{[x]}(y), \quad x \in R_0, \quad y \in R_0,$$

где x - переменная, y - параметр.

В последующих главах определяются преобразования Фурье по отношению к скрещенному произведению $K_{R\Psi}$ функций из пространств $L(0;\infty)$ и $L^2(0;\infty)$ и изучаются свойства этих преобразований. Вводятся понятия интегралов Фурье по отношению к $K_{R\Psi}$ функций из указанных пространств и рассматриваются условия сходимости этих интегралов.

ГЛАВА III

СВОЙСТВА ПРЕОБРАЗОВАНИЙ И ИНТЕГРАЛОВ ФУРЬЕ-РАДЕМАХЕРА ФУНКЦИЙ ИЗ ПРОСТРАНСТВА $L(0; \infty)$

§ 1. Определение и условия существования преобразований Фурье - Радемахера интегрируемых функций

Пусть $R(p_n) = (R_n(t))_{n=0}^{\infty}$ - произвольная система типа Радемахера, а Ψ - произвольная ортонормированная система функций. Рассмотрим континуальный аналог системы типа Радемахера, то есть скрещенное произведение $K_{R\Psi}$:

$$K_{R\Psi}(x, y) = R_{[y]}(x) \cdot \psi_{[x]}(y), \quad x \in R_0, \quad y \in R_0,$$

где x - переменная, y - параметр, а $[a]$ - целая часть числа $a \in R_0$. При определённых условиях это скрещенное произведение $K_{R\Psi}$ порождает для всякой функции $f \in L(0; \infty)$ её интегральные преобразования

$$\hat{f}(y) = \int_0^{\infty} f(x)\overline{K_{R\Psi}(x, y)}dx, \ y \in R_0 \ \text{и} \ f^*(x) = \int_0^{\infty} f(y)K_{R\Psi}(x, y)dy, \ x \in R_0,$$

которые являются аналогами классического преобразования Фурье в пространстве L, и которые мы называем соответственно $\wedge$ - и $*$ - преобразованиями Фурье по отношению к $K_{R\Psi}$ функции f в пространстве $L(0; \infty)$. Очевидно, что преобразование $\hat{f}$ является континуальным аналогом коэффициентов Фурье интегрируемой функции f по ортонормированной системе функций типа Радемахера $R = R(p_n)$, а преобразование f^* является континуальным аналогом коэффициентов Фурье той же функции по о.н.с. Ψ. Ввиду сказанного преобразование $\hat{f}$ будем называть также преобразованием Фурье – Радемахера функции f в пространстве $L(0; \infty)$.

39

Выясним условия существования этих преобразований L - функций. В силу результатов, приведённых в **§ 2** главы **II**, справедливо

Утверждение 1. _Скрещенное произведение_ $K_{R\Psi}$, _образованное любой ограниченной системой типа Радемахера_ $R = R(p_n)$ _и произвольной, ограниченной в совокупности о.н.с._ Ψ. _для всякой функции_ $f \in L(0; \infty)$ _порождает её преобразование Фурье–Радемахера_ $\hat{f}(y) = \int\limits_0^\infty f(x)\overline{K_{R\Psi}(x, y)}dx$, $y \in R_0$, _и интегральное преобразование_ $f^*(x) = \int\limits_0^\infty f(y)K_{R\Psi}(x, y)dy$, $x \in R_0$.

Пусть теперь скрещенное произведение $K_{R\Psi}$ образовано произвольной системой типа Радемахера $R = R(p_n)$ и произвольной, ограниченной в совокупности о.н.с. Ψ. Покажем, что для любой функции $f \in L(0; \infty)$ интеграл $\int\limits_0^\infty f(x)\overline{K_{R\Psi}(x, y)}dx$ абсолютно сходится всюду на R_0.

Действительно, для произвольного $y \in R_0$ получаем в силу определений $K_{R\Psi}$ и системы $R(p_n)$:

$$\int\limits_0^\infty \left| f(x)\overline{K_{R\Psi}(x, y)} \right| dx = \int\limits_0^\infty \left| f(x) \right| \left| R_{[y]}(x) \right| \left| \overline{\psi_{[x]}(y)} \right| dx \leq$$

$$\leq C_\psi \sqrt{p_{[y]} - 1} \int\limits_0^\infty |f| = C_\psi \sqrt{p_{[y]} - 1} \left\| f \right\|_L < \infty,$$

так как по условию $C_\psi = \sup\limits_{m,t} \left| \psi_m(t) \right| < \infty$, а функция f принадлежит пространству $L(0; \infty)$. Ввиду произвольности выбора y из R_0 получаем, что рассматриваемый интеграл сходится абсолютно всюду на R_0. Итак, справедливо

Утверждение 2. Скрещенное произведение $K_{R\Psi}$, образованное произвольной системой типа Радемахера $R = R(p_n)$ и произвольной ограниченной о.н.с. Ψ. для всякой функции $f \in L(0;\infty)$ порождает её преобразование Фурье–Радемахера $\hat{f}(y) = \int\limits_0^\infty f(x)\overline{K_{R\Psi}(x,y)}dx$, $y \in R_0$.

Аналогично доказывается

Утверждение 3. Если неограниченная последовательность $(p_n)_{n=0}^\infty$, определяющая систему типа Радемахера $R = R(p_n)$, и функция $f \in L(0;\infty)$- таковы, что сходится ряд $\sum\limits_{n=0}^\infty \sqrt{p_n} \int\limits_{[n;n+1[} |f|$, то для функции f всюду на R_0 определены её $\wedge$ - и $*$ - преобразования Фурье по отношению к скрещенному произведению K_{RR} системы типа Радемахера на себя, при этом

$$\hat{f}(y) = f^*(y) = \int\limits_0^\infty f(x)K_{RR}(x,y)dx, \ y \in R_0.$$

В следующих четырёх параграфах будут рассмотрены некоторые свойства преобразований Фурье-Радемахера интегрируемых функций

§ 2. _Равномерная сходимость последовательности преобразований Фурье-Радемахера. Восстановление преобразований Фурье-Радемахера_

Сначала рассмотрим вопрос о равномерной сходимости последовательности преобразований Фурье-Радемахера. Имеют место следующие утверждения:

Утверждение 1. Пусть $R = R(p_n)$ – система типа Радемахера, определяемая ограниченной последовательностью (p_n), Ψ– произвольная ограниченная о.н.с., а $K_{R\Psi}$ - их скрещенное произведение. Тогда, если последовательность функций (f_n) из $L(0;\infty)$ сходится в метрике этого *пространства к функции* f, *то последовательность их преобразований Фурье* $(\hat{f}_n)$ *по отношению к* $\boldsymbol{K}_{R\Psi}$ *сходится равномерно на* $[0;\infty)$ *к преобразованию Фурье-Радемахера функции* f.

Прежде всего, отметим, что для заданной последовательности функций (f_n) из $\boldsymbol{L}(0;\infty)$ существование последовательности $(\hat{f}_n)$ их преобразований Фурье по отношению к $\boldsymbol{K}_{R\Psi}$, образованному по условию ограниченными о.н.с., гарантировано *Утверждением 1* из **§ 1.** Далее, для $\forall y \in (0;\infty)$ и $\forall n \in N$: $p_n \leq p < \infty$, имеем:

$$\left| \hat{f}_n(y) - \hat{f}(y) \right| = \left| \int_0^\infty f_n(x)\overline{K_{R\Psi}(x,y)}dx - \int_0^\infty f(x)\overline{K_{R\Psi}(x,y)}dx \right| \leq$$

$$\leq \int_0^\infty |f_n(x) - f(x)|\left|\overline{K_{R\Psi}(x,y)}\right|dx \leq C_\psi\sqrt{p-1}\left\|f_n - f\right\|_L \to 0, \text{ при } n \to \infty.$$

Утверждение 2. *Пусть* $\boldsymbol{R} = \boldsymbol{R}(p_n)$ – *система типа Радемахера, определяемая неограниченной последовательностью* (p_n), Ψ – *произвольная ограниченная о.н.с., а* $\boldsymbol{K}_{R\Psi}$ - *их скрещенное произведение. Тогда, если последовательность функций* (f_n) *из* $\boldsymbol{L}(0;\infty)$ *сходится в метрике этого пространства, то последовательность их преобразований Фурье* $(\hat{f}_n)$ *по отношению к* $\boldsymbol{K}_{R\Psi}$ *сходится равномерно на каждом конечном промежутке* $[0; A]$, $A > 0$.

Как и выше, отмечаем. что для заданной последовательности функций (f_n) из $\boldsymbol{L}(0;\infty)$ последовательность $(\hat{f}_n)$ их преобразований Фурье по отношению к $\boldsymbol{K}_{R\Psi}$ существует в силу *Утверждения 2* из **§ 1.** Тогда справедливость доказываемого *Утверждения 2* вытекает из неравенства

$$\left| \hat{f}_n(y) - \hat{f}_m(y) \right| \leq C_\psi\sqrt{p_{[A]} - 1}\left\|f_n - f_m\right\|_L.$$

Теперь рассмотрим восстановление преобразований Фурье-Радемахера с помощью операции дифференцирования. Справедливо

Утверждение 3. _Пусть $R = R(p_n)$ – произвольная система типа Радемахера, Ψ– произвольная ограниченная о.н.с., а $K_{R\Psi}$ - их скрещенное произведение. Тогда для функции $f \in L(0;\infty)$ и её преобразования Фурье по отношению к $K_{R\Psi}$ для почти всех $z \in R_0$ выполняется равенство_

$$\hat{f}(z) = \frac{d}{dz}\int_0^\infty f(x)\int_0^z \overline{K_{R\Psi}(x,y)}dydx.$$

Доказательство. Пусть функция $f \in L(0;\infty)$, $K_{R\Psi}$ - скрещенное произведение произвольной системы типа Радемахера $R = R(p_n)$ и произвольной ограниченной о.н.с. Ψ. Положим для любого $a \in R_0$

$$\hat{f_a}(y) = \int_0^a f(x)\overline{K_{R\Psi}(x,y)}dx, \ y \in R_0. \qquad (1)$$

Ввиду определения функции $\hat{f}$ имеем: $\hat{f}(y) = \lim\limits_{a\to\infty} \hat{f_a}(y)$. Проинтегрируем равенство (1) по промежутку $[0;z]$, где z – произвольное число из R_0:

$$\int_0^z \hat{f_a}(y)dy = \int_0^z dy \int_0^a f(x)\overline{K_{R\Psi}(x,y)}dx.$$

Так как все интегралы берутся по конечным промежуткам, то возможно изменение порядка интегрирования:

$$\int_0^z \hat{f_a}(y)dy = \int_0^a f(x)\int_0^z \overline{K_{R\Psi}(x,y)}dydx. \qquad (2)$$

Покажем, что

$$\lim\limits_{a\to\infty}\int_0^z \hat{f_a}(y)dy = \int_0^z \hat{f}(y)dy. \qquad (3)$$

Имеем

$$\left| \int_0^z \hat{f}(y)dy - \int_0^z \hat{f_a}(y)dy \right| \leq \int_0^z dy \int_a^\infty |f(x)\overline{K_{R\Psi}(x,y)}|dx \leq$$

$$\leq C_\psi \int_0^z \sqrt{p_{[y]}-1}\,dy \int_a^\infty |f(x)|\,dx = C_\psi \left(\sum_{k=0}^{[z]-1} \sqrt{p_k-1} + \sqrt{p_{[z]}-1}\{z\} \right) \int_a^\infty |f(x)|\,dx \leq$$

$$\leq C_\psi \sqrt{p_z}\, z \int_a^\infty |f(x)|\,dx, \tag{4}$$

где $p_z = \max\{p_0, p_1, \ldots, p_{[z]}\} < \infty$ для любого z из $\boldsymbol{R}_0$. Поскольку $f \in \boldsymbol{L}(0;\infty)$,

то $\int_a^\infty |f(x)|\,dx$ стремится к нулю при $a \to \infty$ и потому из соотношения (4)

следует равенство (3). Теперь, переходя к пределу при $a \to \infty$ в равенстве (2)

с учётом равенства (3), получаем: $\int_0^z \hat{f}(y)\,dy = \int_0^\infty f(x) \int_0^z \overline{K_{R\Psi}(x,y)}\,dy\,dx$.

Продифференцировав по z это равенство, завершаем доказательство.

§ 3. Оценки преобразований Фурье-Радемахера

Дадим некоторые оценки преобразований Фурье-Радемахера интегрируемых функций. Имеет место

Теорема. *Пусть* $\boldsymbol{R} = R(p_n)$ *- система типа Радемахера,* Ψ *– произвольная ограниченная о.н.с., а* $\boldsymbol{K}_{R\Psi}$ *- их скрещенное произведение. Тогда для преобразования Фурье-Радемахера функции* $f \in \boldsymbol{L}(0;\infty)$ *по отношению к* $\boldsymbol{K}_{R\Psi}$

выполняется следующее неравенство: $|\hat{f}(y)| \leq C_\psi \sqrt{p_{[y]}}\, \omega_1 \left(\dfrac{1}{m_{[y]}}; f \right)$, $y \in \boldsymbol{R}_0$,

где $C_\psi = \sup\limits_{m,t} |\psi_m(t)| < \infty$, *а* $\omega_1(\delta, f)$ *- интегральный модуль непрерывности функции* f *в пространстве* $\boldsymbol{L}(0;\infty)$.

Доказательство. Пусть функция f, система $R(p_n)$ и о.н.с. Ψ удовлетворяют условию теоремы. Используя определение преобразования Фурье-Радемахера функции f, свойство σ- аддитивности интеграла Лебега и способ рассуждений в [15] при получении оценки коэффициентов Фурье интегрируемой функции по системе типа Радемахера, получаем для $y \geq 0$:

$$|\hat{f}(y)| = |\int_0^\infty f(x)\overline{K_{R\Psi}(x,y)}dx| = |\sum_{n=0}^\infty \int_{[n;n+1[} f(x)R_{[y]}(x)\overline{\Psi_{[x]}(y)}dx| \leq$$

$$\leq \sum_{n=0}^\infty |\overline{\Psi_n(y)}| |\int_{[n;n+1[} f(x)R_{[y]}(x)dx| \leq C_\Psi \frac{1}{\sqrt{p_{[y]}-1}} \sum_{n=0}^\infty \sum_{i=1}^{p_{[y]}-1} \int_n^{n+1-\frac{p_{[y]}-1}{m_{[y]+1}}} |f(x)-f(x+\frac{i}{m_{[y]+1}})|dx \leq$$

$$\leq C_\Psi \frac{1}{\sqrt{p_{[y]}-1}} \sum_{i=1}^{p_{[y]}-1} \int_0^\infty |f(x)-f(x+\frac{i}{m_{[y]+1}})|dx \leq C_\Psi \sqrt{p_{[y]}-1} \sup_{0 \leq h \leq \frac{p_{[y]}-1}{m_{[y]+1}}} \int_0^\infty |f(x)-f(x+h)|dx \leq$$

$$\leq C_\Psi \sqrt{p_{[y]}} \omega_1\left(\frac{1}{m_{[y]}};f\right).$$

Выведем из доказанной теоремы ряд оценок преобразований Фурье-Радемахера

Утверждение 1. *При условиях **Теоремы 1** имеет место оценка*

$$\hat{f}(y) = \overset{=}{o}(\sqrt{p_{[y]}}) \quad при \quad y \to \infty.$$

Утверждение 2. *Если система типа Радемахера $R = R(p_n)$ определяется ограниченной последовательностью, Ψ - произвольная ограниченная о.н.с., то для преобразования Фурье функции $f \in L(0;\infty)$ по отношению к $K_{R\Psi}$ справедлива следующая оценка*

$$\hat{f}(y) = \overset{=}{o}(1) \quad при \quad y \to \infty.$$

Используя известную лемму Голубова о связи интегрального модуля непрерывности функции ограниченной вариации с её полной вариацией (см. [8]), устанавливаем

Утверждение 3. *Пусть $R(p_n)$ – произвольная система типа Радемахера, Ψ – произвольная ограниченная о.н.с., а $K_{R\Psi}$ - их скрещенное*

произведение. Тогда для преобразования Фурье функции $f \in LV(0; \infty)$ *по*

отношению к $K_{R\Psi}$ *имеет место неравенство* $|\hat{f}(y)| \leq 3\,C_\Psi\,V(f)\dfrac{\sqrt{p_{[y]}}}{m_{[y]}}$, $y \in R_0$,

где $V(f)$ *– полная вариация функции* f *на* $[0; \infty)$.

Утверждение 4 . *Если система типа Радемахера* $R = R(p_n)$ *определяется ограниченной последовательностью,* Ψ *- произвольная ограниченная о.н.с., то для преобразования Фурье функции* $f \in LV(0; \infty)$ *по отношению к* $K_{R\Psi}$ *справедлива следующая оценка*

$$\hat{f}(y) \;=\; \mathop{O}\limits_{=}\left(\frac{1}{m_{[y]}}\right) \quad при \;\; y \to \infty.$$

§ 4. О принадлежности преобразований Фурье-Радемахера различным функциональным пространствам

Ниже рассматриваются условия принадлежности преобразований Фурье-Радемахера L- функций различным функциональным пространствам.

Теорема 1. *Пусть* Ψ *- произвольная ограниченная о.н.с.. Если последовательность* (p_n), *определяющая систему типа Радемахера* $R(p_n)$, *и функция* $f \in L(0; \infty)$ *- таковы, что сходится ряд* $\displaystyle\sum_{n=0}^{\infty}\sqrt{p_n}\,\omega_1(\tfrac{1}{m_n}, f)$, *то преобразование Фурье функции* f *по отношению к скрещенному произведению* $K_{R\Psi}$ *принадлежит пространству* $L(0; \infty)$.

В самом деле, используя свойство σ - аддитивности интеграла Лебега и применяя **_Теорему_** из **§ 3**, имеем:

$$\int_0^{\infty}\left|\hat{f}(y)\right|dy = \sum_{n=0}^{\infty}\int_{[n;n+1[}\left|\hat{f}(y)\right|dy \;\leq\; C_\Psi\sum_{n=0}^{\infty}\sqrt{p_n}\,\omega_1(\tfrac{1}{m_n}, f) < \infty.$$

Теорема 2. *Пусть функция $f \in LV(0; \infty)$, а числовая последовательность (p_n), определяющая систему типа Радемахера $R(p_n)$,*

такова, что сходится ряд $\displaystyle\sum_{n=0}^{\infty} \frac{p_n^{\frac{\alpha}{2}}}{m_n^{\alpha}}$, где $0 < \alpha \le 1$. Тогда для преобразования

Фурье функции f по отношению к $K_{R\Psi}$, где Ψ - произвольная ограниченная

о.н.с., справедливо включение $\hat{f} \in L^{\alpha}(0; \infty)$.

Доказательство. Рассмотрим сначала ситуацию, когда $\alpha = 1$ и воспользуемся неравенством **_Утверждения 3_** из **§ 3**:

$$\int_0^{\infty} \left| \hat{f}(y) \right| dy = \sum_{n=0}^{\infty} \int_{[n;n+1[} \left| \hat{f}(y) \right| dy \le 3 C_{\Psi} V(f) \sum_{n=0}^{\infty} \frac{\sqrt{p_n}}{m_n} < \infty. \qquad (5)$$

В случае, когда $0 < \alpha < 1$, применим неравенство Гёльдера для интегралов:

$$\int_a^b |fg| \le \left\{ \int_a^b |f|^p \right\}^{\frac{1}{p}} \left\{ \int_a^b |g|^q \right\}^{\frac{1}{q}}, \text{ где } p, q > 1, \; 1/p + 1/q = 1.$$

Положим $p = 1/\alpha > 1$, тогда $1/q = 1 - 1/p = 1 - \alpha \Rightarrow q = 1/1-\alpha > 1$. Теперь

$$\int_{[n;n+1[} \left| \hat{f} \right|^{\alpha} \le \left\{ \int_{[n;n+1[} \left(\left| \hat{f} \right|^{\alpha} \right)^{\frac{1}{\alpha}} \right\}^{\alpha} \cdot \left\{ \int_{[n;n+1[} 1^{\frac{1}{1-\alpha}} \right\}^{1-\alpha} = \left\{ \int_{[n;n+1[} \left| \hat{f} \right| \right\}^{\alpha}.$$

Далее имеем

$$\int_0^{\infty} \left| \hat{f} \right|^{\alpha} = \sum_{n=0}^{\infty} \int_{[n;n+1[} \left| \hat{f} \right|^{\alpha} \le \sum_{n=0}^{\infty} \left\{ \int_{[n;n+1[} \left| \hat{f} \right| \right\}^{\alpha} \le 3^{\alpha} C_{\Psi}^{\alpha} V(f)^{\alpha} \sum_{n=0}^{\infty} \frac{p_n^{\frac{\alpha}{2}}}{m_n^{\alpha}} < \infty. \qquad (6)$$

Из неравенств (5) и (6) следует доказываемое включение.

Следствие. *Если система типа Радемахера определяется ограниченной числовой последовательностью, а Ψ - произвольная ограниченная о.н.с., то для преобразования Фурье любой функции $f \in LV(0;\infty)$ по отношению к $K_{R\Psi}$, при всяком α: $0 < \alpha \leq 1$ справедливо включение $\hat{f} \in L^{\alpha}(0;\infty)$.*

§ 5. Формулы суммирования для преобразований Фурье-Радемахера

Рассмотрим некоторые аналоги известной формулы суммирования Пуассона для классического преобразования Фурье - см. [3], с. 54. Справедливы следующие утверждения:

Теорема 1. *Пусть $R(p_n)$ – произвольная система типа Радемахера, а функция $f \in L(0;\infty)$ и ограниченная о.н.с. $\Psi = (\psi_m)_{m=0}^{\infty}$ - таковы, что ряд Фурье по системе $R(p_n)$ функции G: $G(x) = \sum\limits_{k=0}^{\infty} \overline{\psi_k(0)} f(x+k)$, $x \in [0;\ 1[$, в точке $x=0$ сходится к $G(0)$. Тогда для преобразования Фурье-Радемахера функции f справедливо соотношение $\sum\limits_{n=0}^{\infty} \sqrt{p_n - 1}\ \hat{f}(n) = \sum\limits_{k=0}^{\infty} \overline{\psi_k(0)} f(k)$.*

Доказательство. Прежде всего, покажем, что ряд, определяющий функцию G, сходится абсолютно почти всюду на $[0;1[$. Действительно, в силу ***Утверждения 2*** из **§ 1** для функции f, удовлетворяющей условию теоремы, её преобразование Фурье-Радемахера $\hat{f}(y) = \int\limits_{0}^{\infty} f(x)\overline{K_{R\Psi}(x,y)}dx$, определено для любого $y \in R_0$. Это значит, что абсолютно сходится рассматриваемый интеграл, в частности, при $y = 0$. Тогда имеем:

$$\infty > \int\limits_{0}^{\infty} |f(x)|\left|\overline{K_{R\Psi}(x,0)}\right|dx = \sum\limits_{k=0}^{\infty} \int\limits_{[k;k+1[} |f(x)|\,|R_0(x)|\left|\overline{\psi_{[x]}(0)}\right|dx \geq$$

$$\geq \frac{1}{\sqrt{p_0-1}}\sum_{k=0}^{\infty}\left|\overline{\psi_k(0)}\right|\int\limits_{[k;k+1[}|f(x+k)|\,dx = \frac{1}{\sqrt{p_0-1}}\int\limits_{[0;1[}\sum_{k=0}^{\infty}\left|\overline{\psi_k(0)}\right||f(x+k)|\,dx.$$

Из этого соотношения и вытекает абсолютная сходимость почти всюду ряда, определяющего функцию **G**, и включение $G \in L(0;1)$. Пусть теперь n – произвольное натуральное число. Используя определение $K_{R\Psi}$, применяя свойство σ-аддитивности интеграла Лебега и критерий мажорируемой сходимости для почленного интегрирования рядов, получаем

$$\hat{f}(n) = \int\limits_0^{\infty} f(x)R_n(x)\overline{\psi_{[x]}(n)}\,dx = \sum_{k=0}^{\infty}\overline{\psi_k(0)}\int\limits_{[k;k+1[}f(x)R_n(x)\,dx =$$

$$= \sum_{k=0}^{\infty}\overline{\psi_k(0)}\int\limits_{[0;1[}f(x+k)R_n(x)\,dx = \int\limits_{[0;1[}\sum_{k=0}^{\infty}\overline{\psi_k(0)}f(x+k)R_n(x)\,dx = \hat{G}(n),$$

где $\hat{G}(n)$ - n-ый коэффициент Фурье по системе $R = R(p_n)$ функции

$$G: G(x) = \sum_{k=0}^{\infty}\overline{\psi_k(0)}f(x+k), \; x \in [0;\,1[. \quad \text{В силу условия доказываемой теоремы}$$

имеем

$$\sum_{n=0}^{\infty}\hat{G}(n)R_n(0) = G(0), \; \text{или} \; \sum_{n=0}^{\infty}\hat{f}(n)R_n(0) = \sum_{k=0}^{\infty}\overline{\psi_k(0)}f(k).$$

Из определения системы типа Радемахера $R(p_n) = (R_n(t))_{n=0}^{\infty}$ следует, что $R_n(0) = \sqrt{p_n-1}$, $n = 0,1,2,\ldots$. Подставляя эти значения в полученное выше последнее равенство, завершаем доказательство.

Аналогично доказывается с использованием *Утверждения 3* из **§ 1**

Теорема 2. _Если система типа Радемахера_ $R(p_n)$ _и функция_ $f \in L(0; \infty)$-

таковы, что сходится ряд $\sum\limits_{n=0}^{\infty} \sqrt{p_n} \int\limits_{[n;n+1[} |f|$, _а ряд Фурье по системе_ $R(p_n)$

функции $F(x) = \sum\limits_{k=0}^{\infty} \sqrt{p_k - 1} f(x + k)$, $x \in [0;1[$, _сходится в точке_ $x = 0$ _к_ $F(0)$,

то для преобразования Фурье функции f _по отношению к скрещенному_

произведению K_{RR} _системы_ $R(p_n)$ _на себя справедлива формула_

$$\sum\limits_{n=0}^{\infty} \sqrt{p_n - 1} \; \hat{f}(n) = \sum\limits_{k=0}^{\infty} \sqrt{p_k - 1} \; f(k).$$

Замечание. В случае системы Радемахера $R = R(2)$ для преобразования Фурье-Радемахера функции, удовлетворяющей условиям **_Теоремы 2_**, получаем формулу

$$\sum\limits_{n=0}^{\infty} \hat{f}(n) = \sum\limits_{k=0}^{\infty} f(k).$$

Именно такой вид имеет формула суммирования Пуассона для тригонометрического преобразования Фурье, см. [3], с. 54.

§ 6. *Интегралы Радемахера и Фурье-Радемахера*
интегрируемых функций

Пусть скрещенное произведение $K_{R\Psi}$ образовано системой типа

Радемахера $R = R(p_n)$ и о.н.с. Ψ. Интеграл $\int\limits_{0}^{\infty} F(y) K_{R\Psi}(x, y) dy$ будем

называть интегралом Радемахера интегрируемой функции F по отношению

к $K_{R\Psi}$, а интеграл $\int\limits_{0}^{\infty} \hat{f}(y) K_{R\Psi}(x, y) dy$ - интегралом Фурье – Радемахера

функции $f \in L(0; \infty)$.

Ниже рассматривается ряд утверждений об абсолютной сходимости почти всюду и абсолютной и равномерной сходимости всюду интегралов Радемахера и интегралов Фурье-Радемахера функций из пространства $L(0;\infty)$.

§ 7. Об абсолютной сходимости почти всюду интегралов Радемахера.

Пусть $R(p_n)$ - произвольная система типа Радемахера, Ψ– произвольная ограниченная о.н.с. ($C_\psi = \sup\limits_{m,t}|\psi_m(t)| < \infty$), а $K_{R\Psi}$ - их скрещенное произведение. Выясним, какие требования надо предъявить к интегрируемой функции F и к числовой последовательности (p_n), определяющей систему типа Радемахера, чтобы интеграл Радемахера функции F, т.е. интеграл $\int\limits_0^\infty F(y)K_{R\Psi}(x,y)dy$, абсолютно сходился почти всюду. Для этого рассмотрим соответствующий проинтегрированный интеграл по промежутку $[k;k+1[$, где k – произвольное число из множества $N = \{0,1,2,\ldots\}$:

$$\int\limits_{[k;k+1]} dx \int\limits_0^\infty |F(y)K_{R\Psi}(x,y)|dy = \int\limits_{[k;k+1]} dx \sum\limits_{n=0}^\infty |R_n(x)| \int\limits_{[n;n+1[} |F(y)||\psi_{[x]}(y)|dy \leq$$

$$\leq C_\Psi \int\limits_{[k;k+1]} dx \sum\limits_{n=0}^\infty |R_n(x)| \int\limits_{[n;n+1[} |F(y)|dy.$$

Далее, используя почленное интегрирование положительных рядов и определение системы типа Радемахера, приходим к неравенству

$$\int\limits_{[k;k+1]} dx \int\limits_0^\infty |F(y)K_{R\Psi}(x,y)|dy \leq 2C_\Psi \sum\limits_{n=0}^\infty \frac{1}{\sqrt{p_n}} \int\limits_{[n;n+1[} |F|.$$

Если последний ряд сходится, то в силу теоремы Фубини для почти всех $x \in [k;k+1[$ сходится интеграл $\int\limits_0^\infty |F(y)K_{R\Psi}(x,y)| dy$. Поскольку число k выбиралось произвольным, то для $\forall k \in N$ почти всюду на $[k;k+1[$ абсолютно сходится интеграл $\int\limits_0^\infty F(y)K_{R\Psi}(x,y)dy$, а, следовательно, этот интеграл абсолютно сходится почти всюду на множестве $\bigcup\limits_{k=0}^\infty [k;k+1[= R_0$. Таким образом, имеет место

Теорема 1. _Пусть **R(p_n)** - система типа Радемахера, **Ψ**– произвольная ограниченная о.н.с., а **K_{R\Psi}** - их скрещенное произведение. Если числовая последовательность **(p_n)**, определяющая систему **R(p_n)**, и функция F - таковы, что сходится ряд_ $\sum\limits_{n=0}^\infty \dfrac{1}{\sqrt{p_n}} \int\limits_{[n;n+1[} |F|$, _то интеграл Радемахера функции F, т. е. интеграл_ $\int\limits_0^\infty F(y)K_{R\Psi}(x,y)dy$, _абсолютно сходится почти всюду на **R_0**._

Следствие. _Если функция $F \in L(0;\infty)$, то для любой системы типа Радемахера **R=R(p_n)** и произвольной ограниченной о.н.с. **Ψ** интеграл Радемахера функции F по отношению к **K_{R\Psi}** абсолютно сходится почти всюду на **R_0**._

Замечание. Абсолютная сходимость интеграла Радемахера функции F в то же время означает, что существует её $*$ - преобразование Фурье по отношению к скрещенному произведению $K_{R\Psi}$, т.е. $F^*(x) = \int\limits_0^\infty F(y)K_{R\Psi}(x,y)dy$, $x \in R_0$. Таким образом, в силу **Утверждения 2** из **§ 1** и полученного выше **Следствия** для всякой функции из пространства $L(0;\infty)$ существуют оба её

52

преобразования Фурье по отношению к скрещенному произведению $K_{R\Psi}$, образованному произвольной системой типа Радемахера $R = R(p_n)$ и произвольной ограниченной о.н.с. Ψ.

Оказывается, что установленное выше достаточное условие абсолютной сходимости почти всюду интеграла Радемахера функции F в некоторых случаях является и необходимым условием такой сходимости, ибо справедлива

Теорема 2. _Если абсолютно сходится почти всюду интеграл Радемахера функции F по отношению к $K_{R\Psi}$, где $R = R(p_n)$, а о.н.с. Ψ - такова, что для_

$\forall\, n \in N$ _и для почти всех_ x: $|\psi_n(x)| = 1$, _то сходится ряд_ $\displaystyle\sum_{n=0}^{\infty} \frac{1}{\sqrt{p_n}} \int\limits_{[n;n+1[} |F|.$

§ 8. Условия абсолютной сходимости почти всюду интегралов Фурье-Радемахера

Для получения условий абсолютной сходимости интегралов Фурье-Радемахера воспользуемся оценкой преобразований Фурье-Радемахера интегрируемых функций, доставляемой **Теоремой** из **§ 3**. Положим в **Теореме 1** из **§ 7** $F = \hat{f}$, где $\hat{f}$ - преобразование Фурье-Радемахера функции $f \in L(0;\infty)$ по отношению к скрещенному произведению $K_{R\Psi}$, образованному системой типа Радемахера $R = R(p_n)$, и ограниченной о.н.с. Ψ, Тогда

$$\sum_{n=0}^{\infty} \frac{1}{\sqrt{p_n}} \int\limits_{[n;n+1[} \left| \hat{f}(y) \right| dy \leq C_\Psi \sum_{n=0}^{\infty} \frac{1}{\sqrt{p_n}} \int\limits_{[n;n+1[} \sqrt{p_{[y]}}\, \omega_1 \left(\frac{1}{m_{[y]}}; f \right) dy =$$

$$= C_\Psi \sum_{n=0}^{\infty} \omega_1 \left(\frac{1}{m_n}; f \right).$$

Итак, справедлива

Теорема. _Пусть_ $R(p_n)$ _- система типа Радемахера,_ $\Psi-$ _произвольная ограниченная о.н.с., а_ $K_{R\Psi}$ _- их скрещенное произведение. Если числовая последовательность_ (p_n), _определяющая систему_ $R(p_n)$, _и функция_ $f \in L(0; \infty)$ _- таковы, что сходится ряд_ $\sum\limits_{n=0}^{\infty} \omega_1\left(\dfrac{1}{m_n}; f\right)$, _то интеграл Фурье функции_ f _по отношению к скрещенному произведению_ $K_{R\Psi}$, _т.е. интеграл Фурье-Радемахера_ $\int\limits_0^{\infty} \hat{f}(y)K_{R\Psi}(x,y)dy$, _абсолютно сходится почти всюду на_ R_0.

Из этой теоремы, применяя опять указанную ранее оценку Голубова для интегрального модуля непрерывности функции ограниченной вариации из статьи [8], выводим

Следствие. _Для любой функции_ $f \in LV(0; \infty)$ _её интеграл Фурье-Радемахера по отношению к_ $K_{R\Psi}$, _где_ $R = R(p_n)$ _- произвольная система типа Радемахера, а_ $\Psi-$ _произвольная ограниченная о.н.с., то есть интеграл_ $\int\limits_0^{\infty} \hat{f}(y)K_{R\Psi}(x,y)dy$, _абсолютно сходится почти всюду на_ R_0.

§ 9. Об абсолютной и равномерной сходимости интегралов Радемахера.

Имеет место

Теорема. _Пусть_ $R(p_n)$ _- система типа Радемахера,_ $\Psi-$ _произвольная ограниченная о.н.с., а_ $K_{R\Psi}$ _- их скрещенное произведение. Если числовая последовательность_ (p_n), _определяющая систему_ $R(p_n)$, _и функция_ F- _таковы, что сходится ряд_ $\sum\limits_{n=0}^{\infty} \sqrt{p_n} \int\limits_{[n;n+1[} |F|$, _то интеграл Радемахера функции_ F $\int\limits_0^{\infty} F(y)K_{R\Psi}(x,y)dy$ _сходится абсолютно и равномерно всюду на_ R_0.

Действительно, для $\forall x \in R_0$ имеем:

$$\int\limits_0^\infty \left| F(y) K_{R\Psi}(x,y) \right| dy = \sum_{n=0}^\infty \left| R_n(x) \right| \int\limits_{[n;n+1[} \left| F(y) \right| \left| \psi_{[x]}(y) \right| dy <$$

$$< C_\Psi \sum_{n=0}^\infty \sqrt{p_n} \int\limits_{[n;n+1[} \left| F \right|.$$

Поскольку последний ряд по условию сходится, то заключение **Теоремы** вытекает из известной теоремы Вейерштрасса об абсолютной и равномерной сходимости всюду функционального ряда, мажорируемого сходящимся положительным рядом.

Следствие. _Если числовая последовательность_ (p_n), _определяющая систему_ $R(p_n)$, _- ограничена,_ Ψ _– произвольная ограниченная о.н.с., а_ $K_{R\Psi}$ _- их скрещенное произведение, то для любой функции_ $F \in L(0;\infty)$ _её интеграл Радемахера по отношению к_ $K_{R\Psi}$ _всюду на_ R_0 _сходится абсолютно и равномерно._

§ 10. Условия абсолютной и равномерной сходимости всюду интегралов Фурье - Радемахера.

Конъюнкция **Теоремы** из § 9 и **Теоремы** из § 3 имплицирует следующее утверждение

Теорема. _Пусть_ $R(p_n)$ _- система типа Радемахера,_ Ψ– _произвольная ограниченная о.н.с., а_ $K_{R\Psi}$ _- их скрещенное произведение. Если числовая последовательность_ (p_n), _определяющая систему_ $R(p_n)$, _и функция f - таковы, что сходится ряд_ $\displaystyle\sum_{n=0}^\infty p_n \omega_1\left(\frac{1}{m_n}; f\right)$, _где_ $\omega_1(\delta; f)$ _- интегральный модуль непрерывности функции_ f _в пространстве_ $L(0;\infty).$ _то всюду на_ R_0

интеграл *Фурье – Радемахера функции* f, *то есть интеграл*

$$\int\limits_0^\infty \hat{f}(y)K_{R\Psi}(x,y)dy,$$ *сходится абсолютно и равномерно.*

Следствие 1. *Если функция* f∈ **LV**(0; ∞), *а числовая последовательность* (**p** $_n$), *определяющая систему типа Радемахера*

R = **R**(**p** $_n$), *- такова, что сходится ряд* $\sum\limits_{n=0}^\infty \dfrac{p_n}{m_n}$, *то для любой ограниченной*

о.н.с. **Ψ** *интеграл Фурье функции* f *по отношению к* **K** $_{R\Psi}$, *то есть интеграл*

$$\int\limits_0^\infty \hat{f}(y)K_{R\Psi}(x,y)dy,$$ *всюду на* **R** $_0$ *сходится абсолютно и равномерно.*

Следствие 2. *Если функция* f∈ **LV**(0; ∞), *а числовая последовательность* (**p** $_n$), *определяющая систему типа Радемахера*

R = **R**(**p** $_n$), *- ограничена, то для любой ограниченной о.н.с.* **Ψ** *интеграл Фурье*

функции f *по отношению к* **K** $_{R\Psi}$, *то есть интеграл* $\int\limits_0^\infty \hat{f}(y)K_{R\Psi}(x,y)dy$,

всюду на **R** $_0$ *сходится абсолютно и равномерно.*

Замечание. Абсолютная сходимость интеграла Фурье-Радемахера функции f в то же время означает, что существует * - преобразование Фурье по отношению к скрещенному произведению **K** $_{R\Psi}$ функции $\hat{f}$. Таким образом, при условиях **Теоремы** из § 8 и **Теоремы** из § 10 справедливо равенство

$$(\hat{f})^*(x) = \int\limits_0^\infty \hat{f}(y)K_{R\Psi}(x,y)dy, x\in R_0.$$

Общее замечание. При изложении материала третьей главы частично были использованы наши публикации: [5], [24], [36] - [39], [42] – [44].

ГЛАВА IY

УСЛОВИЯ СХОДИМОСТИ ПОЧТИ ВСЮДУ ПРЕОБРАЗОВАНИЙ И ИНТЕГРАЛОВ ФУРЬЕ-РАДЕМАХЕРА ФУНКЦИЙ ИЗ ПРОСТРАНСТВА $L^2(0;\infty)$

§ 1. *Преобразование Фурье-Радемахера и интеграл Фурье-Радемахера L^2 - функции*

Пусть $R(p_n) = (R_n(t))_{n=0}^{\infty}$ - произвольная система типа Радемахера, а Ψ - произвольная ортонормированная система функций. Рассмотрим континуальный аналог системы типа Радемахера, то есть скрещенное произведение $K_{R\Psi}$:

$$K_{R\Psi}(x,y) = R_{[y]}(x) \cdot \psi_{[x]}(y), \quad x \in R_0, \quad y \in R_0,$$

где x - переменная, y - параметр, а $[a]$ - целая часть числа $a \in R_0$.

Из результатов работы [16] следует, что это скрещенное произведение $K_{R\Psi}$ для всякой функции $f \in L^2(0;\infty)$ порождает её интегральные преобразования, определяемые равенствами:

$$\hat{f}(y) \overset{L^2}{=} \int_0^\infty f(x)\overline{K_{R\Psi}(x,y)}dx, \; y \in R_0, \quad f^*(x) \overset{L^2}{=} \int_0^\infty f(y)K_{R\Psi}(x,y)dy, \; x \in R_0.$$

Эти преобразования являются аналогами классического преобразования Фурье в пространстве L^2. Мы называем их соответственно $\wedge$ - и $*$ - преобразованиями Фурье по отношению к $K_{R\Psi}$ функции f в пространстве $L^2(0;\infty)$. Первое из этих преобразований будем называть также преобразованием Фурье–Радемахера функции f в пространстве $L^2(0;\infty)$. Интеграл $\int_0^\infty \hat{f}(y)K_{R\Psi}(x,y)dy$, понимаемый как предел в метрике L^2 последовательности соответствующих частных интегралов, будем называть интегралом Фурье функции f по отношению к скрещенному произведению $K_{R\Psi}$, или интегралом Фурье – Радемахера функции f в пространстве $L^2(0;\infty)$. В силу **Теоремы 2** из [16] этот интеграл всегда сходится в метрике пространства $L^2(0;\infty)$ к некоторой функции W этого пространства, которая ввиду неполноты любой системы типа Радемахера необязательно совпадает с функцией f. Очевидно, что указанная выше функция W является $*$ - преобразованием Фурье по отношению к $K_{R\Psi}$ функции $\hat{f}$, то есть. $W = (\hat{f})^*$.

§ 2. *О сходимости почти всюду преобразований Фурье - Радемахера L^2 - функций. Восстановление преобразований Фурье - Радемахера*

Сначала рассмотрим условия сходимости почти всюду интеграла, определяющего преобразование Фурье-Радемахера $\hat{f}$ функции f в пространстве $L^2(0;\infty)$, к самой функции $\hat{f}$. Имеют место следующие утверждения:

Теорема 1. *Пусть* $R = R(p_n)$ *– произвольная система типа Радемахера,* Ψ *– произвольная о.н.с., а* $K_{R\Psi}$ *- их скрещенное произведение. Тогда, если функция* $f \in L^2(0;\infty)$ *- такова, что* $\int\limits_0^\infty |f(t)|^2 \log_2^2(t+2)dt < \infty$, *то для её преобразования Фурье-Радемахера в пространстве* $L^2(0;\infty)$ *почти всюду на* R_0 *справедливо равенство* $\hat{f}(y) = \int\limits_0^\infty f(x)\overline{K_{R\Psi}(x,y)}dx$.

Это утверждение непосредственно вытекает из континуального аналога теоремы Меньшова-Радемахера, см. **_Теорему 7_** из второй главы.

Далее, рассуждая, как и при доказательстве **_Теоремы 3_** из главы II в статье [35], покажем, что справедлива

Теорема 2. *Пусть* $R = R(p_n)$ – *произвольная система типа Радемахера,* Ψ – *произвольная о.н.с., а* $K_{R\Psi}$ - *их скрещенное произведение. Тогда, если функция* $f \in L^2(0;\infty)$ - *такова, что* $\sum\limits_{m=0}^{\infty} \sqrt{\int\limits_{m}^{m+1} |f|^2} < \infty$, *то для её преобразования Фурье-Радемахера по отношению к* $K_{R\Psi}$ *в пространстве* $L^2(0;\infty)$ *почти всюду на* R_0 *справедливо равенство* $\hat{f}(y) = \int\limits_{0}^{\infty} f(x)\overline{K_{R\Psi}(x,y)}dx$.

Доказательство. Пусть функция f удовлетворяет условию **Теоремы 2**, $R = R(p_n)$ – произвольная система типа Радемахера, Ψ – произвольная о.н.с., а $K_{R\Psi}$ - их скрещенное произведение. Используя свойство σ - аддитивности интеграла Лебега, определение скрещенного произведения $K_{R\Psi}$, неравенство Коши для интегралов, нормированность систем $R(p_n)$ и Ψ и требование к функции f, - убеждаемся в справедливости неравенства

$$\int\limits_{m}^{m+1} dy \int\limits_{0}^{\infty} \left| f(x)\overline{K_{R\Psi}(x,y)} \right| dx < \infty,$$ где m – произвольное натуральное число. Из

этого неравенства в силу теоремы Фубини следует, что для почти всех $y \in [m;m+1[$ сходится интеграл $\int\limits_{0}^{\infty} \left| f(x)\overline{K_{R\Psi}(x,y)} \right| dx$. Поскольку число m выбиралось произвольным, то для $\forall m \in N$ почти всюду на $[m;m+1[$ абсолютно сходится интеграл $\int\limits_{0}^{\infty} f(x)\overline{K_{R\Psi}(x,y)}dx$, а, следовательно, этот

интеграл абсолютно сходится почти всюду и на множестве $\bigcup\limits_{m=0}^{\infty} [m;m+1[= R_0$.

Так как рассматриваемый интеграл сходится в метрике $L^2(0;\infty)$ к функции $\hat{f}$ (в силу определения $\hat{f}$) и сходится почти всюду на R_0, то этот интеграл сходится почти всюду именно к функции $\hat{f}$, т.е. справедливо доказываемое равенство.

Теперь рассмотрим восстановление преобразований Фурье-Радемахера L^2- функций с помощью операции дифференцирования. Справедливо

Утверждение. *Пусть* $R = R(p_n)$ – *произвольная система типа Радемахера,* Ψ– *произвольная о.н.с., а* $K_{R\Psi}$ - *их скрещенное произведение. Тогда Для любой функции* $f \in L^2(0;\infty)$ *и её преобразования Фурье по отношению к* $K_{R\Psi}$ *для почти всех* $z \in R_0$ *выполняется соотношение*

$$\hat{f}(z) = \frac{d}{dz}\int_0^\infty f(x)\int_0^z \overline{K_{R\Psi}(x,y)}dydx .$$

Доказательство. Пусть f - произвольная функция из пространства $L^2(0;\infty)$, а $\hat{f}$ - её преобразование Фурье по отношению к произвольному скрещенному произведению $K_{R\Psi}$. Рассмотрим финитную функцию g, определяемую равенством

$$g(y) = \begin{cases} 1, y \le z, \\ 0, y > z \end{cases} , \text{ где } z \in R_0.$$

Очевидно, что для $\forall z \in R_0$ $g \in L^2(0;\infty)$. Поэтому, ввиду **Теоремы 2** из [16], её

* - преобразование Фурье по отношению к $K_{R\Psi}$ $g^*(x) = \int_0^z K_{R\Psi}(x;y)dy$, $x \in R_0$,

также принадлежит пространству $L^2(0;\infty)$ при любом $z \ge 0$. Применяя теперь **Теорему 2** из второй главы, получаем

$$\int_0^z \hat{f}(y)dy = \int_0^\infty f(x)\int_0^z \overline{K_{R\Psi}(x,y)}dydx .$$

Дифференцируя по z это равенство, приходим к доказываемому соотношению.

Замечание. Доказанное *Утверждение* аналогично *Утверждению 3* из § 2 предыдущей главы, где речь шла об аналогичном свойстве преобразований Фурье-Радемахера по отношению к $K_{R\Psi}$ функций из пространства $L\,(0;\infty)$. При этом в качестве второй компоненты скрещенного произведения $K_{R\Psi}$ выступала ограниченная о.н.с. Ψ. В доказанном *Утверждении* Ψ может быть любой ортонормированной системой функций.

§ 3. Условия сходимости почти всюду интегралов Фурье – Радемахера функций из пространства $L^2\,(0;\infty)$

Прежде всего сформулируем и докажем континуальный аналог *Теоремы 3* из § 1 первой главы в случае, когда система типа Радемахера определяется ограниченной числовой последовательностью. Имеет место (см. [40], [41])

Теорема 1. *Пусть f – произвольная функция из пространства $L^2\,(0;\infty)$, $R(p_n) = (R_n(t))_{n=0}^{\infty}$ - система типа Радемахера, для которой $\overline{\lim\limits_{n\to\infty}} p_n = p < \infty$,*

Ψ - произвольная о.н.с., а $\hat{f}(y) \overset{L^2}{=} \int\limits_{0}^{\infty} f(x)\overline{K_{R\Psi}(x,y)}dx$ - преобразование Фурье

функции f по отношению к скрещенному произведению $K_{R\Psi}$. Тогда интеграл

Фурье – Радемахера функции f, то есть интеграл $\int\limits_{0}^{\infty} \hat{f}(y)K_{R\Psi}(x,y)dy$,

сходится почти всюду на R_0.

Доказательство. Пусть выполнены все условия *Теоремы 1.* Желая снова использовать *Теорему 2* из второй главы, рассмотрим финитную функцию

$$g\!: g(y) = \begin{bmatrix} \overline{K_{R\Psi}(x,y)}, y \leq A, \\ 0, y > A \end{bmatrix},$$

где A и x – произвольные числа из $\boldsymbol{R}_0$. Покажем, что при $\forall A \in \boldsymbol{R}_0$ и для $\forall x \in \boldsymbol{R}_0$ функция g принадлежит пространству $L^2(0;\infty)$. Действительно,

$$\|g\|_{L^2}^2 = \int_0^\infty |g|^2 = \int_0^A |g|^2 = \int_0^A |K_{R\Psi}(x,y)|^2 \, dy =$$

$$= \sum_{j=0}^{[A]-1} \int_{[j;j+1[} |R_{[y]}(x)|^2 |\Psi_{[x]}(y)|^2 \, dy \; + \; \int_{[A]}^A |R_{[y]}(x)|^2 |\Psi_{[x]}(y)|^2 \, dy =$$

$$= \sum_{j=0}^{[A]-1} |R_j(x)|^2 \int_{[j;j+1[} |\Psi_{[x]}(y)|^2 \, dy \; + \; |R_{[A]}(x)|^2 \int_0^{\{A\}} |\Psi_{[x]}(y)|^2 \, dy < ([A]+1)\,p < \infty.$$

В силу **Теоремы 2** из [16] преобразование g^* функции $g \in L^2(0;\infty)$ по отношению к $\boldsymbol{K}_{R\Psi}$ также принадлежит пространству $L^2(0;\infty)$. Так как, очевидно, $g \in L^2(0;\infty) \cap L(0;\infty)$, и существует преобразование Фурье g^* по отношению к $\boldsymbol{K}_{R\Psi}$ функции g в $L(0;\infty)$, то ввиду **Теоремы 1** из второй главы, оно эквивалентно её преобразованию Фурье g^* в $L^2(0;\infty)$. Тогда для $u \in \boldsymbol{R}_0$ имеем, используя определения функции g и скрещенного произведения $\boldsymbol{K}_{R\Psi}$:

$$g^*(u) = \int_0^\infty g(y) K_{R\Psi}(u,y) dy = \int_0^A \overline{K_{R\Psi}(x,y)} K_{R\Psi}(u,y) dy =$$

$$= \begin{bmatrix} \displaystyle\sum_{k=0}^{[A]-1} R_k(x) R_k(u) + R_{[A]}(x) R_{[A]}(u) \int_0^{\{A\}} \left|\psi_{[x]}(y)\right|^2 dy, [u]=[x], \\[2em] R_{[A]}(x) R_{[A]}(u) \int_0^{\{A\}} \psi_{[u]}(y) \overline{\psi_{[x]}(y)} dy, [u] \neq [x], \end{bmatrix} , \qquad (1)$$

где x - произвольное фиксированное число из $\boldsymbol{R}_0$.

Теперь, применяя **Теорему 2** из второй главы, приходим к равенству

$$\int\limits_0^A \hat{f}(y) K_{R\Psi}(x,y)dy = \int\limits_0^\infty f(u)\overline{g^*(u)}du. \tag{2}$$

Преобразуем правую часть этого равенства, используя свойство σ-аддитивности интеграла Лебега и представление (1) для $g^*(u)$:

$$\int\limits_0^\infty f(u)\overline{g^*(u)}du = \int\limits_{[[x];[x]+1[} f(u)\overline{g^*(u)}du +$$

$$+ \sum\limits_{\substack{n=0\\n\neq[x]}}^\infty \int\limits_{[n;n+1[} f(u)\overline{g^*(u)}du = \sum\limits_{k=0}^{[A]-1}\left(\int\limits_{[[x];[x]+1[} f(u)R_k(u)du\right)R_k(x) +$$

$$+ R_{[A]}(x)\sum\limits_{\substack{n=0\\n\neq[x]}}^\infty \int\limits_{[n;n+1[} f(u)R_{[A]}(u)du\int\limits_0^{\{A\}}\Psi_{[x]}(y)\overline{\Psi_n(y)dy} =$$

$$= S_{[A]}^{(R)}\left(x,f_{[x]}\right) + \rho_A(x,f), \tag{3}$$

где первое слагаемое есть [A]-ая частичная сумма ряда Фурье по системе типа Радемахера функции $f_{[x]} = f_{|[[x];[x]+1[}$, составленная для точки x. Поскольку для любого x указанное сужение функции f принадлежит пространству $L^2([x];[x]+1)$, то в силу неравенства Бесселя последовательность её коэффициентов Фурье по системе типа Радемахера принадлежит пространству l^2, то есть $\left(\hat{f}_{[x]}(k)\right)\in l^2$. Тогда по **Теореме 3** из **§ 1** главы I предел первого слагаемого в правой части последнего равенства при $A\to\infty$ конечен для почти всех $x\in R_0$.

Конъюнкция соотношений (2) и (3) имплицирует равенство

$$\int_0^A \hat{f}(y) K_{R\Psi}(x,y) dy \;=\; S_{[A]}^{(R)}\bigl(x, f_{[x]}\bigr) \;+\; \rho_A(x,f) \qquad (4)$$

Покажем теперь, что для $\forall x \in \boldsymbol{R}_0$ $\rho_A(x,f) \to 0$ при $A \to \infty$. Для произвольного $M \in \boldsymbol{N}$ имеем, с учетом определения функций системы типа Радемахера $\boldsymbol{R(p_n)}$, где $\overline{\lim\limits_{n\to\infty}} p_n = \boldsymbol{p} < \infty,$ и неравенства Коши для интегралов:

$$|\,\rho_A(x,f)\,| \;<\; \sqrt{p}\sum_{n=0}^{M-1}\left|\int_0^1 f(n+u) R_{[A]}(u)\,du\right| \;+$$

$$+\; \sqrt{p}\sum_{n=M}^{\infty}\left|\int_n^{n+1} f(u) R_{[A]}(u)\,du\right|\left|\int_0^{\{A\}} \Psi_{[x]}(y)\overline{\Psi_n(y)}\,dy\right|.$$

Применяя ко второму слагаемому полученной суммы неравенства Коши для сумм и интегралов и неравенство Бесселя, приходим к соотношению

$$|\,\rho_A(x,f)| \;<\; \sqrt{p}\left\{\sum_{n=0}^{M-1}\left|\int_0^1 f(n+u) R_{[A]}(u)\,du\right| + \sqrt{\int_M^{\infty}|f(u)|^2\,du}\right\}.$$

Так как функция $f \in \boldsymbol{L}^2(0;\infty)$, то второе слагаемое в фигурных скобках в правой части этого соотношения независимо от A может быть сделано меньше любого $\varepsilon > \boldsymbol{0}$ при соответствующем выборе $M \in \boldsymbol{N}$. При таком M первое слагаемое в фигурных скобках ввиду следствия из неравенства Бесселя о стремлении к нулю коэффициентов Фурье $\boldsymbol{L}^2$- функции станет меньше заданного ε для $\forall A > A(\varepsilon)$. Таким образом, для $\forall \varepsilon > \boldsymbol{0}$ существует $A(\varepsilon)$ - такое, что при

$\forall A > A(\varepsilon)$ выполняется неравенство $|\rho_A(x,f)| < 2\sqrt{p}\,\varepsilon$ для $\forall x \in \boldsymbol{R}_0$.

Следовательно, $\lim_{A \to \infty} \rho_A(x,f) = 0$ при любом $x \in \boldsymbol{R}_0$.

Наконец, учитывая все сказанное выше и переходя к пределу при $A \to \infty$ в равенстве (4), завершаем доказательство **Теоремы 1**.

В **Теореме 1** для сходимости почти всюду интеграла Фурье-Радемахера требовалась ограниченность первой компоненты скрещенного произведения $\boldsymbol{K}_{R\Psi}$, В следующем утверждении система типа Радемахера может быть и неограниченной о.н.с.. Используя некоторые идеи статьи [25], покажем, что справедлива

Теорема 2. _Если о.н.с._ $\boldsymbol{R} = \boldsymbol{R}(p_n)$ _и_ Ψ _и функция_ $f \in \boldsymbol{L}^2(0;\infty)$ _- таковы, что для преобразования Фурье_ $\hat{f}$ _функции_ f _по отношению к_ $\boldsymbol{K}_{R\Psi}$ _в пространстве_ $\boldsymbol{L}^2(0;\infty)$ _почти всюду на_ $\boldsymbol{R}_0$ _выполнено равенство_

$$\hat{f}(y) = \int_0^\infty f(x)\overline{K_{R\Psi}(x,y)}dx,$$ _то интеграл Фурье-Радемахера функции_ f,

то есть интеграл $\int_0^\infty \hat{f}(y)K_{R\Psi}(t,y)dy$, _сходится для п. в._ $t \in \boldsymbol{R}_0$.

Доказательство. Для произвольной точки $t \in \boldsymbol{R}_0$ составим частный интеграл Фурье данной функции f по отношению к скрещенному произведению $\boldsymbol{K}_{R\Psi}$, в котором $\boldsymbol{R} = \boldsymbol{R}(p_n)$ – произвольная система типа Радемахера, а Ψ- произвольная о.н.с.:

$$J_A(t,f) = \int_0^A \hat{f}(y)K_{R\Psi}(t,y)dy =$$

$$= \int_0^{[A]} \hat{f}(y)K_{R\Psi}(t,y)dy + \int_{[A]}^A \hat{f}(y)K_{R\Psi}(t,y)dy, \tag{5}$$

где $\hat{f}(y) \overset{L^2}{=} \int\limits_0^\infty f(x)\overline{K_{R\Psi}(x,y)}dx$. Ввиду условия теоремы почти всюду на

$\boldsymbol{R}_0$ выполнено равенство $\hat{f}(y) = \int\limits_0^\infty f(x)\overline{K_{R\Psi}(x,y)}dx$. Тогда для первого

слагаемого в правой части равенства (5) имеем, с учётом соотношения (1),

$$\int\limits_0^{[A]}\hat{f}(y)K_{R\Psi}(t,y)dy = \int\limits_0^\infty f(x)\int\limits_0^{[A]}K_{R\Psi}(t,y)\overline{K_{R\Psi}(x,y)}dydx = S_{[A]}^{(R)}\left(t,f_{[t]}\right),$$

где $S_{[A]}^{(R)}\left(t,f_{[t]}\right)$ есть $[A]$ – ая частичная сумма ряда Фурье по системе типа

Радемахера функции $f_{[t]} = f\big|_{[[t];[t]+1[}$, составленная для точки t. Поскольку для

любого $t \in \boldsymbol{R}_0$ указанное сужение функции f принадлежит пространству

$\boldsymbol{L}^2\,([t];[t]+1)$, а любая система типа Радемахера является системой сходимости,

то при $A \to \infty$ предел этой частичной суммы конечен для п. в. $t \in \boldsymbol{R}_0$.

Далее, оценивая с помощью неравенства Коши для интегралов квадрат второго

слагаемого правой части равенства (5), получаем для $\forall A \in \boldsymbol{R}_0$ и для $\forall\, t \in \boldsymbol{R}_0$

$$|\int\limits_{[A]}^A \hat{f}(y)K_{R\Psi}(t,y)dy\,|^2 \le \left|R_{[A]}(t)\right|^2 \int\limits_{[A]}^{[A]+1}\left|\hat{f}(y)\right|^2 dy \qquad (6)$$

Для оценки правой части этого неравенства покажем, что для почти всех

$t \in \boldsymbol{R}_0$ сходится ряд

$$\sum\limits_{k=0}^\infty \left|R_k(t)\right|^2 \int\limits_k^{k+1}\left|\hat{f}(y)\right|^2 dy.$$

С этой целью рассмотрим соответствующий проинтегрированный ряд по

промежутку $[j;j+1[$, где j – произвольное натуральное число:

$$\sum_{k=0}^{\infty} \int_{j}^{j+1} |R_k(t)|^2 \int_{k}^{k+1} \left| \hat{f}(y) \right|^2 dy dt = \left\| \hat{f} \right\|^2 .$$

Так как функция $f \in L^2(0;\infty)$, то её преобразование Фурье-Радемахера $\hat{f}$ также принадлежит пространству $L^2(0;\infty)$, причём $\left\| \hat{f} \right\|^2 \le \|f\|^2$.

Следовательно, проинтегрированный ряд сходится. Но тогда в силу известной теоремы Б.Леви почти всюду на $[j; j+1[$ сходится предыдущий ряд, а потому при почти всех $t \in [j; j+1[$ имеем: $\left| R_{[A]}(t) \right|^2 \int_{[A]}^{[A]+1} \left| \hat{f}(y) \right|^2 dy \to 0$, при $A \to \infty$.

Поскольку число j выбиралось произвольным из множества N, то последнее соотношение имеет место для почти всех $t \in \bigcup_{j=0}^{\infty} [j; j+1[= R_0$.

С учётом этого из неравенства (6) следует, что второе слагаемое правой части равенства (5) стремится к нулю при $A \to \infty$ для почти всех $t \in R_0$. Теперь переход к пределу при $A \to \infty$ в равенстве (5) завершает доказательство *Теоремы 2*.

Следствие. *Для любой функции $f \in L^2(0;\infty) \cap L(0;\infty)$ её интеграл Фурье по отношению к скрещенному произведению $K_{R\Psi}$ произвольной системы типа Радемахера $R = R(p_n)$ и произвольной ограниченной о.н.с. Ψ сходится почти всюду на R_0.*

В следующей теореме для сходимости почти всюду интеграла Фурье-Радемахера функции $f \in L^2(0;\infty)$ на эту функцию приходиться накладывать дополнительные ограничения (см. [40], [41]).

Теорема 3. *Если функция f из пространства $L^2(0;\infty)$ такова, что*

$$\int_0^{\infty} |f(t)|^2 \log_2^2 (t+2) dt < \infty \quad \text{или} \quad \sum_{m=0}^{\infty} \sqrt{\int_m^{m+1} |f|^2} < \infty,$$

то при любой системе типа Радемахера $\boldsymbol{R(p_n)}$ и любой о.н.с. $\boldsymbol{\Psi}$ интеграл Фурье функции f по отношению к скрещенному произведению $\boldsymbol{K_{R\Psi}}$ сходится почти всюду на $\boldsymbol{R_0}$.

Доказательство. Конъюнкция **Теоремы 1** из **§ 2** и **Теоремы 2** из **§ 3** имплицирует первое утверждение **Теоремы 3.** Второе утверждение этой теоремы следует из конъюнкции **Теоремы 2** из **§ 2** и **Теоремы 2** из **§ 3**.

Теперь сформулируем условия сходимости почти всюду интегралов Фурье-Радемахера функций из пространства $\boldsymbol{L^2(0;\infty)}$ в терминах их преобразований Фурье-Радемахера ([40], [41]).

Теорема 4. *Если функция $f \in \boldsymbol{L^2(0;\infty)}$, система типа Радемахера $\boldsymbol{R(p_n)}$ и о.н.с. $\boldsymbol{\Psi}$ - таковы, что для преобразования Фурье функции f по отношению к скрещенному произведению $\boldsymbol{K_{R\Psi}}$ выполняются неравенства*

$$\int_0^\infty \left|\hat{f}(y)\right|^2 \log_2^2(y+2)dy < \infty \qquad \text{или} \qquad \sum_{m=0}^\infty \sqrt{\int_m^{m+1}\left|\hat{f}\right|^2} < \infty,$$

то интеграл Фурье - Радемахера функции f , то есть интеграл

$$\int_0^\infty \hat{f}(y)K_{R\Psi}(t,y)dy, \quad \text{сходится почти всюду на } \boldsymbol{R_0}.$$

Доказательство. Пусть выполнено первое неравенство условия доказываемой теоремы. Тогда в силу континуального аналога теоремы Меньшова-Радемахера, т. е. **Теоремы 7** из главы II, выполнено и заключение **Теоремы 4.** Если имеет место второе неравенство условия **Теоремы 4,** то сходимость почти всюду интеграла Фурье-Радемахера функции f следует из

Теоремы 3 из главы II, где в роли f выступает $\hat{f}$.

Замечание. В § 3 главы II отмечено, что для любой функции $f \in L^2(0;\infty)$ её $\wedge$ - преобразование по отношению к любому скрещенному произведению двух о.н.с., то есть функция $\hat{f}$, также принадлежит пространству $L^2(0;\infty)$. Тогда в силу определения $*$ - преобразования Фурье функции из пространства $L^2(0;\infty)$ (см. равенства (2) в § 3 главы II) в метрике этого пространства интеграл $\int\limits_0^\infty \hat{f}(y)K_{R\Psi}(t,y)dy$ сходится к функции $(\hat{f})^*(t)$, $t \in \mathbf{R}_0$. Этот же интеграл при условиях **Теорем 1–4** сходится почти всюду на $\mathbf{R}_0$. Так как рассматриваемый интеграл сходится в метрике $L^2(0;\infty)$ к функции $(\hat{f})^*$ и сходится почти всюду на $\mathbf{R}_0$, то этот интеграл сходится почти всюду именно к функции $(\hat{f})^*$. Таким образом, при условиях **Теорем 1 – 4** для интеграла Фурье-Радемахера функции f почти всюду на $\mathbf{R}_0$ имеет место представление

$$\int\limits_0^\infty \hat{f}(y)K_{R\Psi}(t,y)dy = (\hat{f})^*(t).$$

§ 4. *О сходимости почти всюду интегралов Радемахера L^2 - функций*

Пусть $\mathbf{R} = \mathbf{R}(p_n)$ - произвольная система типа Радемахера, Ψ - произвольная о.н.с., $\mathbf{K}_{R\Psi}$ - их скрещенное произведение, а F - произвольная функция из пространства $L^2(0;\infty)$. Интеграл $\int\limits_0^\infty F(y)K_{R\Psi}(x,y)dy$, понимаемый как предел в метрике L^2 последовательности соответствующих частных интегралов, будем называть интегралом Радемахера функции F по отношению к скрещенному произведению $\mathbf{K}_{R\Psi}$ в пространстве $L^2(0;\infty)$. В силу **Теоремы 2** из [16] этот интеграл всегда сходится в метрике пространства $L^2(0;\infty)$, определяя $*$- преобразование Фурье функции F по отношению к $K_{R\Psi}$, то

есть $F^*(x) \overset{L^2}{=} \int\limits_0^\infty F(y)K_{R\Psi}(x,y)dy$, $x \in R_0$. Достаточными условиями сходимости

почти всюду на R_0 этого интеграла являются требования к функции F, указанные в следующем утверждении.

Теорема 1. *Если функция F из пространства $L^2(0;\infty)$ такова, что*

$$\int\limits_0^\infty |F(t)|^2 \log_2^2(t+2)dt \ < \ \infty \qquad \text{или} \qquad \sum\limits_{m=0}^\infty \sqrt{\int\limits_m^{m+1} |F|^2} \ < \ \infty,$$

то при любой системе типа Радемахера $R(p_n)$ и любой о.н.с. Ψ интеграл Радемахера функции F по отношению к скрещенному произведению $K_{R\Psi}$ сходится почти всюду на R_0. При этом почти всюду на R_0 имеет место

представление $\quad F^*(x) = \int\limits_0^\infty F(y)K_{R\Psi}(x,y)dy.$

Доказательство. Первое утверждение ***Теоремы 1*** непосредственно вытекает из континуального аналога теоремы Меньшова-Радемахера, то есть ***Теоремы 7*** из главы **II**, где в роли f выступает F. Аналогичным образом второе утверждение доказываемой теоремы следует из ***Теоремы 3*** главы **II**.

Далее рассмотрим ситуацию, когда $R = R(p_n)$ - произвольная система типа Радемахера, Ψ - произвольная **полная** о.н.с., $K_{R\Psi}$ - их скрещенное произведение, а F - произвольная функция из пространства $L^2(0;\infty)$. Тогда в силу континуального аналога теоремы Рисса-Фишера, т.е. ***Теоремы 8*** из главы **II**, имеет место

Теорема 2. *Пусть $R = R(p_n)$ – произвольная система типа Радемахера, Ψ - произвольная полная о.н.с., а $K_{R\Psi}$- их скрещенное произведение. Тогда интеграл Радемахера любой функции F из пространства $L^2(0;\infty)$ по*

отношению к $K_{R\Psi}$, т.е. интеграл $\int\limits_0^\infty F(y)K_{R\Psi}(x,y)dy$, является интегралом

Фурье-Радемахера по отношению к $K_{R\Psi}$ функции $f = F^*$.

Итак, при условиях **Теоремы 2** имеет место равенство

$$\int\limits_0^\infty F(y)K_{R\Psi}(x,y)dy = \int\limits_0^\infty \hat{f}(y)K_{R\Psi}(x,y)dy, \qquad (7)$$

где $\hat{f} = (F^*)^\wedge = F$, поскольку Ψ - полная о.н.с. (см. **Теорему 6** из главы II).

Таким образом, в рассматриваемой ситуации для нахождения условий

сходимости почти всюду интеграла Радемахера $\int\limits_0^\infty F(y)K_{R\Psi}(x,y)dy$ могут быть

применены некоторые из доказанных выше теорем. Так, конъюнкция **Теоремы 1** из § 3 и **Теоремы 2** из § 4 имплицирует следующее утверждение

Теорема 3. Пусть $R = R(p_n)$ – произвольная система типа Радемахера, определяемая ограниченной последовательностью (p_n), Ψ - произвольная полная о.н.с., а $K_{R\Psi}$- их скрещенное произведение. Тогда интеграл Радемахера любой функции F из пространства $L^2(0;\infty)$ по отношению к $K_{R\Psi}$,

т.е. интеграл $\int\limits_0^\infty F(y)K_{R\Psi}(x,y)dy$, сходится почти всюду на R_0.

Далее, из **Теоремы 2** из § 3 и **Теоремы 2** из § 4 получим следующий результат:

Теорема 4. Если система типа Радемахера $R = R(p_n)$, полная о.н.с. Ψ и функция $F \in L^2(0;\infty)$ - таковы, что для функции F почти всюду на

R_0 выполнено равенство $F(y) = \int\limits_0^\infty F^*(x)\overline{K_{R\Psi}(x,y)}dx$, то интеграл

Радемахера   функции F ,   то есть интеграл $\int\limits_0^\infty F(y)K_{R\Psi}(x,y)dy,$ *сходится для*

почти всех $x \in \mathbf{R}_0$.

Доказательство. Прежде всего, заметим, что ввиду полноты второй компоненты $\mathbf{K}_{R\Psi}$ в силу **Теоремы 5** из второй главы для функции F справедлива формула обращения её преобразования Фурье F^* по отношению к $\mathbf{K}_{R\Psi}$: $F(y) \overset{L^2}{=} \int\limits_0^\infty F^*(x)\overline{K_{R\Psi}(x,y)}dx$. Требование же выполнения в доказываемой

Теореме 4 равенства $\quad F(y) = \int\limits_0^\infty F^*(x)\overline{K_{R\Psi}(x,y)}dx\quad$ почти всюду на $\mathbf{R}_0$

равносильно требованию выполнения почти всюду на $\mathbf{R}_0$ равенства

$\hat{f}(y) = \int\limits_0^\infty f(x)\overline{K_{R\Psi}(x,y)}dx$ в **Теореме 2** из § **3,** так как $f = F^*$ и $\hat{f} = (F^*)^\wedge = F.$

Наконец, из равенства (7) следует равносильность заключений **Теоремы 4** и **Теоремы 2** из § **3.**

Замечание. При условиях **Теорем 3** и **4** для почти всех $x \in \mathbf{R}_0$ имеет место представление $\quad F^*(x) = \int\limits_0^\infty F(y)K_{R\Psi}(x,y)dy.$

ЛИТЕРАТУРА

1. Алексич Г. *Проблемы сходимости ортогональных рядов.*- М.: Издательство иностранной литературы, 1963.- 360 с.

2. Балашов Л.А., Рубинштейн А.И. *Ряды по системе Уолша и их обобщения* // Итоги науки. Серия МАТЕМАТИКА. Выпуск «Математический анализ, 1970».- М.: ВИНИТИ, 1971.- С. 147-202.

3. Бохнер С. *Лекции об интегралах Фурье.* - М.: Физматгиз, 1962.- 360 с.

4 Виленкин Н.Я. *Дополнения редактора к монографии Качмажа С. и Штейнгауза Г. «Теория ортогональных рядов».* - М.: Физматгиз, 1958. - С.457-493.

5. Виленкин Н.Я., Зотиков С.В. *О скрещенных произведениях ортонормированных систем функций* // М.: Математические заметки, 1973, том 13, № 3.-С. 469-480.

6. Гапошкин В.Ф. *Лакунарные ряды и независимые функции* // М.: Успехи матем. наук, 1966, том 21, № 6.- С. 3 - 82.

7. Голубов Б.И. *Об одном классе полных ортогональных систем* // М.: Наука. Сиб. матем. журн., 1968, том IX, № 2.- С. 297 - 314.

8. Голубов Б.И. *Интеграл Фурье и непрерывность функций* // Казань: Известия ВУЗов - Математика, 1968, № 11.- С. 83 - 92.

9. Голубов Б.И., Ефимов А.В., Скворцов В.А. *Ряды и преобразования Уолша: Теория и применения.* - М.: Наука. Гл. ред. физ.- мат. литературы, 1987.- 344 с.

10. Емельянов В.Ф. *О системах полустрогой суммируемости в узком смысле* // Труды молодых учёных. Саратовский ун-т. Математика и механика, 1969. - С. 28 - 33.

11. Зигмунд А. *Тригонометрические ряды*, том 1.- М.: «Мир», 1965.- 616 с.

12. Зотиков С.В. *Об одном обобщении системы Радемахера* // Применение функционального анализа в теории приближений: Межвузовский тематический сборник научных трудов, выпуск 2.- Калинин: КГУ, 1974. - С. 156.

13. Зотиков С.В. *О классе систем типа Радемахера* (аннотация статьи [15]) // Казань: Известия ВУЗов. Математика, 1974, № 2. - С. 57.

14. Зотиков С.В. *Об абсолютной сходимости рядов по системам типа Хаара* // Казань: Известия ВУЗов - Математика, 1974, № 11. - С. 31 - 43.

15. Зотиков С.В. *О классе систем типа Радемахера* // Казань: Известия ВУЗов. Математика, 1976, № 7. - С. 30 - 43.

16. Зотиков С.В. *Определение преобразования и интеграла Фурье по отношению к скрещенному произведению ортонормированных систем функций в пространстве L^2* // Применение функционального анализа в теории приближений: Межвузовский тематический сборник научных трудов. – Калинин: КГУ, 1988. - С. 26 - 32.

17. Зотиков С.В. *О преобразовании Фурье по отношению к скрещенному произведению ортонормированных систем функций в пространстве L^p* // Конструктивная теория функций: Тезисы докладов конференции, посвященной 70-летию проф. В.С. Виденского. - Санкт-Петербург: СПбГУ, 1992, С. 29 - 30.

18. Зотиков С.В. *Continual Analogues of Parseval Equality* // IAS-97: Proceeding of the Second International Arctic Seminar. Physics and Mathematics. – Murmansk: Murmansk State Pedagogical Institute, 1997. - P. 146 - 147.

19. Зотиков С.В. *Континуальные аналоги равенства Парсеваля в пространстве L^2* // Вопросы теории, истории и методики преподавания математики и физики, том II: Сборник научных трудов физико-математического факультета МГПИ. - Мурманск: МГПИ, 2000.- С. 9 – 12.

20. Зотиков С.В., Митина Н.С. *Об одном обобщении теоремы Радемахера* // Учёные записки юбилейной научной конференции профессорско-преподавательского состава МГПИ (15-19 ноября 1999 г.): Сборник научных трудов.- Том 8.- Мурманск: МГПИ, 2000.- С. 10 - 14.

21. Зотиков С.В. *Определение и некоторые свойства преобразований Фурье по отношению к скрещенному произведению ортонормированных систем функций в пространстве L^p* // Методология и история математики: Сборник научных трудов под ред. профессора Матвеева Н.М. - Том 4. - Санкт-Петербург, 2003. - С. 77-82.

22. Зотиков С.В. *О формулах обращения преобразований Фурье функций из пространства L^2 и континуальных аналогах равенства Парсеваля* // Методология и история математики: Сборник научных трудов под ред. проф. Матвеева Н.М. - Том 4. - Санкт-Петербург, 2003. - С. 82 - 89.

23. Зотиков С.В. *Континуальный аналог одной теоремы Радемахера* // Методология и история математики: Сборник научных трудов, том 5 .- Санкт-Петербург: ЛГОУ имени А.С.Пушкина, 2004. - С. 115 - 120.

24. Зотиков С.В. *О некоторых свойствах континуальных аналогов системы Радемахера* // Учёные записки МГПУ. Физико-математические науки. Математика: Сборник статей.- Мурманск: МГПУ, 2004. - Вып. 2.- С. 70 - 77.

25. Зотиков С.В. *О представлении функций из пространства L^2 их интегралами Фурье* // Труды третьих Колмогоровских чтений: Сборник статей.- Ярославль: ЯГПУ, 2005. - С. 184 - 194.

26. Зотиков С.В. *О некоторых свойствах преобразований Фурье функций из пространства L^p* // Труды четвёртых Колмогоровских чтений: Сборник статей.- Ярославль: ЯГПУ, 2006. - С. 99 - 104.

27. Зотиков С.В. *О некоторых свойствах континуальных аналогов ортонормированных систем функций Радемахера, Уолша и Хаара* // Материалы международной научной конференции «Современное математическое образование и проблемы истории и методологии математики».- Тамбов: ТГУ им. Г.Р. Державина, 2006. - С. 256 - 258.

28. Зотиков С.В. *Континуальные аналоги теоремы Рисса-Фишера* // Интеграл: Сборник кратких сообщений по математике на научно-практической конференции профессорско-преподавательского состава, аспирантов и студентов МГПУ.- Мурманск: МГПУ, 2007.- Выпуск YI. - Том II. - С. 22 - 24.

29. Зотиков С.В. *О континуальных аналогах теоремы Рисса-Фишера* // Сборник научных трудов по материалам международной научно-практической конференции «Современные направления теоретических и прикладных исследований -2007», том 21.- Одесса: «Черноморье», 2007. - С. 11 - 15.

30. Зотиков С.В. *О континуальных аналогах тождества Бесселя и некоторых их следствиях* // Некоторые актуальные проблемы современной математики и математического образования: Материалы научной конференции «Герценовские чтения – 2007». – Санкт-Петербург, 2007. - С. 109 - 115.

31. Зотиков С.В., Акитарова Э.М. *Обобщение одной теоремы Колмогорова для рядов Радемахера* // Теоретические и методические проблемы обучения в школе и вузе (математика, информатика): Межвузовский сборник научных трудов.- Санкт- Петербург-Мурманск, 2007. - С. 49 - 54.

32. Зотиков С.В. *Континуальный аналог теоремы Меньшова-Радемахера* (тезисы статьи [33]) // XII международная научная конференция имени академика М. Кравчука: Материалы конференции. - Киев, 2008. - С. 623.

33. Зотиков С.В. *О континуальном аналоге теоремы Меньшова-Радемахера* // Труды шестых Международных Колмогоровских чтений: Сборник статей.- Ярославль: ЯГПУ, 2008. - С. 198 - 204.

34. Зотиков С.В. *О сходимости почти всюду преобразований и интегралов Фурье функций из пространства* L^2 (тезисы статьи [35]) // Современные проблемы науки и образования: Материалы 9-ой Международной междисциплинарной научно-практической школы-конференции. - Алушта - Харьков: Харьковский национальный университет им. В. Н. Каразина, 2009.- С. 98 - 99.

35. Зотиков С.В. *Условия сходимости почти всюду преобразований и интегралов Фурье функций из пространства* L^2 // Труды восьмых международных Колмогоровских чтений: Сборник статей.- Ярославль: ЯГПУ, 2010.- С. 154 - 158.

36. Зотиков С.В. *Об абсолютной сходимости интегралов Радемахера и интегралов Фурье-Радемахера* (тезисы статьи [37]) // Современные проблемы

науки и образования: Материалы 12-ой Международной междисциплинарной научно-практической школы-конференции. - Евпатория - Харьков: Харьковский национальный университет им. В. Н. Каразина, 2012. - С. 114 - 116.

37. Зотиков С.В. *Признаки абсолютной сходимости интегралов Радемахера и интегралов Фурье-Радемахера* // Труды X Международных Колмогоровских Чтений: Сборник статей.- Ярославль: ЯГПУ, 2012.- С. 38 - 41.

38. Зотиков С.В. *Об абсолютной сходимости интегралов Радемахера* // Учёные записки МГГУ. Физико-математические науки: Сборник научных статей.- Мурманск: МГГУ, 2012.- Выпуск 7. - С. 13 - 16.

39. Зотиков С.В. *Условия абсолютной сходимости интегралов Фурье-Радемахера интегрируемых функций* // Учёные записки МГГУ. Физико-математические науки: Сборник научных статей.- Мурманск: МГГУ, 2012.- Выпуск 7. - С. 17 - 21.

40. Зотиков С.В. *О сходимости почти всюду интегралов Фурье-Радемахера функций из пространства L^2* (тезисы статьи [41]) // Современные проблемы науки и образования: Материалы 13-ой Международной междисциплинарной научно-практической школы-конференции. – Одесса- Харьков: Харьковский национальный университет им. В.Н. Каразина, 2013. - С. 151 - 152..

41. Зотиков С.В. *Признаки сходимости почти всюду интегралов Фурье-Радемахера функций из пространства L^2* // Інформація і суспільство: Матеріали науково-практичної конференції. Випуск II.- Сімферополь: Кримський інститут інформаційно-поліграфічних технологій Українскої академіі друкарства (КІІПТ УАД), 2013. - С. 68 - 73.

42. Зотиков С.В. *О формулах суммирования для преобразований Фурье-Хаара и Фурье-Радемахера интегрируемых функций* (тезисы статьи [43]) // XXY-ая Крымская Осенняя Математическая Школа-симпозиум по спектральным и эволюционным задачам (КРОМШ-2014): Тезисы докладов. - Крым, Судак, 2014. - С. 5 - 6.

43. Зотиков С.В. *Формулы суммирования для преобразований Фурье-Хаара и Фурье-Радемахера интегрируемых функций* // Труды XII Международных Колмогоровских Чтений: Сборник статей.- Ярославль, ЯГПУ, 2014. - С. 41 - 45.

44. Зотиков С.В. *О некоторых аналогах формулы суммирования Пуассона* // Учёные записки МГГУ. Физико-математические науки: Сборник научных статей. - Мурманск: МГГУ, 2014. - Выпуск 8. - С. 29 - 35.

45. Карлин (Karlin S.) *Orthogonal properties of independent functions* // Trans. Amer. Math. Soc. – 1949. - V. 66, № 1. - P. 44 - 64.

46. Кац (Kac M.) *Sur les fonctions independantes, I* // Studia Math. – 1936. - T. 6, S. 46 – 58.

47. Качмаж С., Штейнгауз Г. *Теория ортогональных рядов.* - М: Физматгиз, 1958.- 507 с.

48. Кашин Б.С., Саакян А.А. *Ортогональные ряды.* - М.: «Наука», 1984, 496 с.

49. Кеог (Keogh F.R.) *On Rademacher series with founded sums* // J. London Math. Soc. – 1958. - V. 33, № 4. - P. 454 - 455.

50. Колмогоров А.Н. *Uber die Summen durch den Zuffal bestimmter unabhanglger Grossen* // Math. Annalen. – 1928. - Bd. 99. - S. 309 - 319.

51. Колмогоров А.Н., Хинчин А.Я. *Uber Konvergenz der Reihen, deren Glieder durch den Zufall bestimmt* warden // Матем. сб. – 1925. - Т. 32, № 3. - С. 668-677.

52. Леви (Levy P.) *Sur une generalisation des fonctions orthogonales de M. Rademacher* // Comment. math. helv. - 1943/44. - V. 16, fasc. 2. - P. 146 - 152.

53. Мак-Лафлин (Mc Laughlin J. R.) *Functions represented by Rademacher series* // Pacif. J. Math., - 1968. - V. 27, № 2. - P. 373 - 378.

54. Радемахер (Rademacher H.) *Einige Satze uber Reihen von allgemeinen Orthogonalfunktionen* // Math. Annalen. – 1922. - Bd. 87. - S. 112 - 138.

55. Хинчин А.Я. *Uber dyadiche Bruche* // Math. Zeit. – 1923. – Bd. 18. - S. 109-116.

ОБ АВТОРЕ БРОШЮРЫ

ЗОТИКОВ Сергей Васильевич – кандидат физико-математических наук, доцент, почётный работник высшего профессионального образования Российской Федерации. Работал в разных вузах России и Украины. Последние пять лет (2009-2014) заведовал кафедрой инженерной механики, физики и математики Крымского института информационно-полиграфических технологий Украинской академии печати в городе Симферополе. В 2010 году биография Зотикова С.В. опубликована в биографической энциклопедии успешных людей России «WHO IS WHO В РОССИИ», вып. 4, с. 902-903.

Область научных интересов автора настоящей брошюры – теория функций и функциональный анализ, теория ортогональных рядов, континуальные аналоги ортогональных систем. Им написано 125 научных статей, которые опубликованы как в центральных научных журналах «Известия ВУЗов - Математика», «Математические заметки», «Сибирский математический журнал», «Применение функционального анализа в теории приближений», «Математический анализ и теория функций», так и в сборниках трудов различных институтских, университетских, межвузовских и международных научных конференций.

Зотиков С.В. - автор и соавтор более двадцати учебно-методических пособий по различным разделам курса высшей математики для студентов всех форм обучения и нескольких учебно-методических пособий по школьному курсу математики для абитуриентов.

Printed by Books on Demand GmbH, Norderstedt / Germany